AutoCAD 机械绘图

主　编　骆江锋　楼健晶
副主编　孙佳楠　熊运星　杜　陈
主　审　张海英

北京理工大学出版社
BEIJING INSTITUTE OF TECHNOLOGY PRESS

内 容 简 介

本书共十个项目，所有项目均提供源文件，案例绘制过程录制成了动画，读者可以通过扫描书中二维码观看动画视频，便于更有效、轻松地完成学习任务。

只要读者按照书中的编排，做完项目，就能真正实现"做中学，学中做"，切实掌握绘图的基本原理和方法，掌握 AutoCAD 的绘图操作与技巧，提高自己的综合运用能力和解决实际问题的能力。

本书可作为高等院校、高职院校 CAD 相关专业及各类 CAD 培训班的教材，也可供工程人员及计算机爱好者学习 AutoCAD 时使用。

图书在版编目（C I P）数据

Auto CAD 机械绘图 / 骆江锋，楼健晶主编 . -- 北京：
北京理工大学出版社，2023.6
ISBN 978 - 7 - 5763 - 2491 - 4

Ⅰ. ①A… Ⅱ. ①骆…②楼… Ⅲ. ①机械制图—
AutoCAD 软件—教材 Ⅳ. ①TH126

中国国家版本馆 CIP 数据核字（2023）第 112120 号

出版发行 / 北京理工大学出版社有限责任公司
社　　址 / 北京市海淀区中关村南大街 5 号
邮　　编 / 100081
电　　话 / （010）68914775（总编室）
　　　　　（010）82562903（教材售后服务热线）
　　　　　（010）68944723（其他图书服务热线）
网　　址 / http：//www.bitpress.com.cn
经　　销 / 全国各地新华书店
印　　刷 / 河北盛世彩捷印刷有限公司
开　　本 / 787 毫米 × 1092 毫米　1/16
印　　张 / 10　　　　　　　　　　　　　　　　责任编辑 / 多海鹏
字　　数 / 265 千字　　　　　　　　　　　　　文案编辑 / 多海鹏
版　　次 / 2023 年 6 月第 1 版　2023 年 6 月第 1 次印刷　　责任校对 / 周瑞红
定　　价 / 59.00 元　　　　　　　　　　　　　责任印制 / 李志强

前　　言

AutoCAD（Autodesk Computer Aided Design）是 Autodesk（欧特克）公司于 1982 年首次开发的自动计算机辅助设计软件，用于二维绘图、详细绘制、设计文档和基本三维设计，现已经成为国际上广为流行的绘图工具。AutoCAD 具有很多优点，如具有完善的图形绘制功能、强大的图形编辑功能、可进行多种图形格式的转换，在航空航天、造船、建筑、机械、电子、化工、美工、装潢、服装等领域得到了广泛应用。

制造业是立国之本、兴国之器、强国之基，而图纸是贯穿整个制造业各个环节的重要信息载体，本书的核心内容是制图，核心理念是精确、规范和标准。本教材贯彻落实党的二十大精神，通过教材的学习，能帮助学生树立正确的职业操守，培养认真负责、踏实敬业的工作态度，严谨细致、一丝不苟的工作作风，以及敬业、精益、专注、创新等方面的"工匠"精神和责任担当，为建设中国式的现代化做贡献。

本教材的特色：

（1）作者由长年从事高等职业院校 CAD 教学及企业工程设计的工程师组成，均具有丰富的 AutoCAD 使用经验，清楚地了解学生及工程技术人员的需求。

（2）采用项目化教学，所有知识点均采用项目驱动，共有 10 个项目，内容由简单到复杂，由易到难，循序渐进，环环相扣。

（3）案例丰富，约有 40 多个实例，均选用趣味性与实战性较高的精典案例，让读者不再感觉枯燥乏味。

（4）内容编排严谨，前后内容相互关联、浑然一体。装配图中使用的零件素材均取自于所绘案例的零件图。

（5）所有项目均提供源文件，案例绘制过程录制了动画，读者可以通过扫描书中二维码观看动画视频，以便于更有效、轻松地完成学习任务。

相信只要读者按照书中的编排，学完内容，就能真正实现"做中学，学中做"，切实掌握绘图的基本原理和方法，掌握 AutoCAD 的绘图操作与技巧，提高自己的综合运用能力和解决实际问题的能力。

本教材由宁波职业技术学院骆江锋、宁波本硕教育科技有限公司楼健晶任主编，浙江机电职业技术学院孙佳楠、浙江工商职业技术学院熊运星、宁波青工教育科技有限公司杜陈任副主编，由宁波职业技术学院张海英任主审。

本书可作为高等院校 CAD 相关专业及各类 CAD 培训班的教材，也可供工程人员及计算机爱好者学习 AutoCAD 时使用。

由于水平和时间所限，书中难免有纰漏与不足之处，恳请广大读者批评指正。

编　者

目　录

项目一　走进 AutoCAD

项目目标

（1）熟悉 AutoCAD 2020 软件操作界面；

（2）了解 AutoCAD 2020 图层的基本设置方法；

（3）了解直线命令的使用，理解绝对坐标、相对坐标和相对极坐标的概念；

（4）掌握修剪等修改命令的使用；

（5）掌握社会主义核心价值观的内涵；

（6）传承优秀图学史，提升文化自信，激发学生树立远大理想和爱国主义情怀。

工作任务

　　走进 AutoCAD 绘图软件的世界，其实是对 AutoCAD 软件界面的认识，本教材主要采用AutoCAD 2020 版本进行操作讲解，通过案例讲解，使读者掌握其绘图命令的使用并灵活运用，从而绘制出所需的图形，即通过电脑绘图代替手工绘图，从而大大提高工作效率。本项目将以图 1 - 1 所示的平行方片、图 1 - 2 所示的小阶梯两个图形为例来学习直线命令的绘制，以及掌握修剪命令的使用。

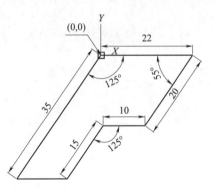

图 1 - 1　平行方片

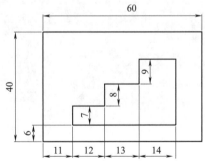

图 1 - 2　小阶梯

知识链接

1. AutoCAD 软件的使用

　　AutoCAD 2020 安装完成之后，可以双击桌面上的图标启动，启动后显示开始界面，如图 1 - 3 所示，在开始界面中可以选择"开始绘制"新建一个文档，或选择"打开文件"去打开一个已有的文件。

图 1-3 AutoCAD 2020 开始界面

提示:

(1) *.dwg 是 CAD 的图形文件, CAD 高版本的软件可以打开低版本的文件, 而低版本的软件打不开高版本的文件。例如: AutoCAD 2020 软件无法打开 AutoCAD 2022 软件所保存的文件。

(2) 打开和关闭开始界面。

打开开始界面, 即在命令行中输入 "startmode", 默认数值 "1" 表示显示开始界面, 输入 "0" 后回车即可关闭开始界面。

2. AutoCAD 界面的介绍

当选择了 "开始绘制" 或打开一个已有文件之后, 将会显示 AutoCAD 工作界面, 如图 1-4 所示。

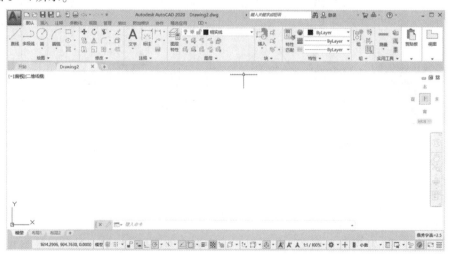

图 1-4 AutoCAD 2020 工作界面

(1) 标题栏: 软件最上方标题栏用来显示 CAD 的版本信息和文件名称。第一次打开AutoCAD，默认文件名为 Drawing1. dwg，最右边的图标可实现 AutoCAD 窗口的最小化、最大化和关闭功能。

（2）应用程序按钮：在标题栏的最左边有一个应用程序按钮，用来完成新建、打开和保存文件，修复、清理和关闭文件，输入、输出和打印等一些常用操作。

（3）快速访问工具栏：在软件标题栏的左上方，如图 1－5 所示。它包含了新建文件、打开文件、保存文件、另存为文件和打印文件，放弃和重做功能，并且下拉可自定义快速访问工具栏。

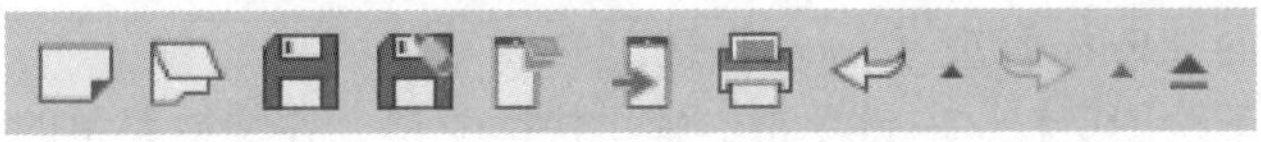

图 1－5　快速访问工具栏

（4）菜单栏：在快速访问工具栏中选择下拉自定义快速访问工具栏，并选择"显示菜单栏"，可以调出菜单栏，如图 1－6 所示。菜单栏可以说是 AutoCAD 所有命令的集中，它几乎包含了 AutoCAD 的所有命令，操作者可以在菜单栏中找到想找的任意指令。

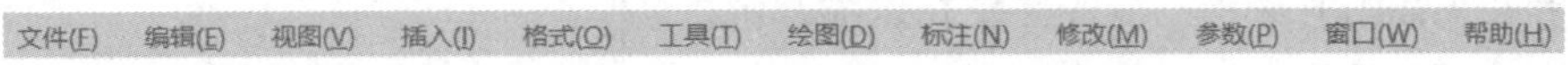

文件(F)　编辑(E)　视图(V)　插入(I)　格式(O)　工具(T)　绘图(D)　标注(N)　修改(M)　参数(P)　窗口(W)　帮助(H)

图 1－6　菜单栏

（5）功能区：在标题栏的下方是功能区选项卡，根据需求可以进行选择。启动 AutoCAD 后系统默认选择了"默认"选项卡，它也是最常用的选项卡，其默认选择了绘图、修改、注释、图层、块、特性、组、实用工具、剪贴板和视图等功能。此外，也可以在菜单栏的工具选项中将其关闭。

（6）工具栏：需要时在菜单栏的工具选项中进行调用，也可以在弹出的工具栏空白处右键打开或关闭工具栏。通常可以通过设置工具栏保留常用的功能来获得更简洁的 AutoCAD 使用界面。

（7）绘图区域：软件中间黑色空白区域是绘图区域，它是一个可以无限延伸的绘图空间，可以通过视图的放大或缩小使得绘图区域增大或缩小，所以无论多大的图形都可以放入绘图区域中。

（8）命令提示窗口：是与 AutoCAD 软件进行沟通的窗口，如图 1－7 所示。在绘图时应该时常关注命令提示窗口，它可以帮助我们更好地使用对应命令。通常可以用快捷键【Ctrl】＋【9】隐藏或打开命令提示窗口。

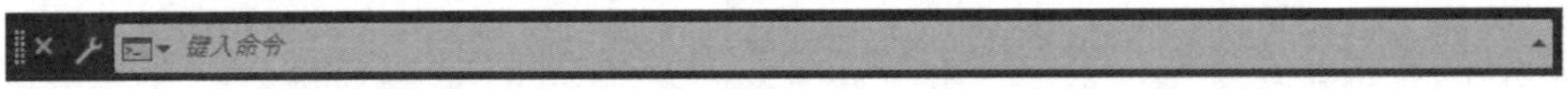

图 1－7　命令提示窗口

（9）状态栏：AutoCAD 显示界面的最下面是状态栏，如图 1－8 所示。

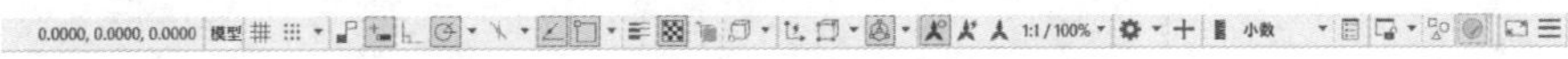

图 1－8　状态栏

在图 1－8 中可以看到鼠标位置的坐标，以及栅格、捕捉模式、推断约束、动态输入和正交极轴等绘图辅助工具。

（10）其他功能：WCS 绝对坐标，十字光标＋。

3. AutoCAD 绘图的准备

1）AutoCAD 命令

（1）执行 AutoCAD 命令的方式。

①通过键盘输入命令；

②通过菜单执行命令；

③通过工具栏执行命令。

（2）重复执行命令。

①按键盘上的【Enter】或【Space】键；

②使光标位于绘图窗口，右键单击，弹出快捷菜单，在快捷菜单的第一行显示出重复执行上一次所执行的命令，选择此命令即可重复执行对应的命令。

（3）命令的终止。

在命令的执行过程中，可以通过按【Esc】键或右键单击，从弹出的快捷菜单中选择"取消"命令的方式终止 AutoCAD 命令的执行。

2）空白模板文件的建立

打开 AutoCAD 软件，默认打开 Drawing1. dwg 文件。

（1）设置绘图区域（以 A4 纸的大小为例）。

选择菜单栏中的格式功能，选择图形界限；也可以在命令提示窗口中输入图形界限"LIMITS"，或按快捷键"LIM"，如图 1 - 9 所示。

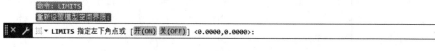

图 1 - 9　运用 LIMITS 命令设置绘图区域操作界面

指定左下角点，选择坐标原点（0，0），默认按空格键；指定右上角点，在命令窗口输入（297，210）。这里要注意输入 X、Y 坐标时要以半角逗号"，"进行分割，否则会出错。

在执行图形界限后，为了使它起作用，需要按全部的缩放按键（也可输入命令 Z、A）。

设置完成之后可以单击状态栏中的"图形栅格"按钮来打开图形栅格，用来显示绘图区域的范围，如图 1 - 10 所示。

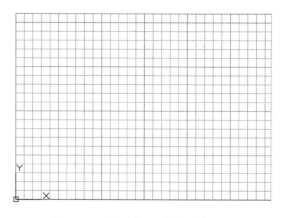

图 1 - 10　图形界限设置完成界面

右键单击"网格"按钮，选择"网格设置"可以设置网格间隔等，如图 1 - 11 所示。

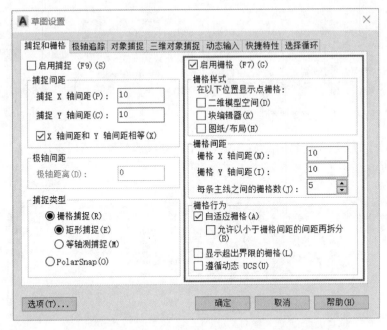

图 1 - 11　图形栅格设置界面

（2）新建粗实线、中心线、细实线、虚线和双点画线图层。

选择功能区的图层特性工具，也可以在命令提示窗口中输入"LAYER"（图层特性工具），如图 1 - 12 所示。

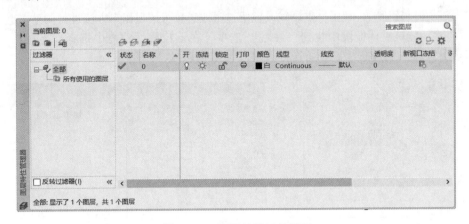

图 1 - 12　图层特性工具界面

单击"新建图层"按钮，设置图层属性，重命名新建图层为"粗实线"，颜色默认为白色■白，线型默认为直线"Continuous"，线宽选择 0.7 mm ■■ 0.70 毫米 。

再次新建图层，重命名新建图层为"中心线"，颜色修改为红色■红。在"线型选择"对话框中选择"加载（L）..."，如图 1 - 13 所示，在加载或重载界面选择中心线的线型为"CENTER"，如图 1 - 14 所示，线宽选择 0.25 mm ── 0.25 毫米 。

图 1 – 13 "选择线型"界面　　　　图 1 – 14 "加载或重载线型"界面

采用同样的方法，新建细实线、虚线和双点划线图层等，图层设置完成界面效果如图 1 – 15 所示。

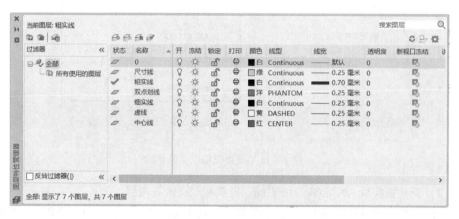

图 1 – 15 图层设置完成界面

如果在以后绘图过程中，点画线或虚线过密或过疏可通过以下方法进行调整：

①在功能区默认板块中找到"特性"选项，在下拉线型功能中选择"其他"，在"线型管理器"中选择"显示细节"，如图 1 – 16 所示。

图 1 – 16 线型全局比例因子设置界面

②修改线型全局比例因子的大小即可调整线型的疏密，如图 1 – 17 所示。

（3）另存为空白模板文件，文件扩展名选 . dwt。

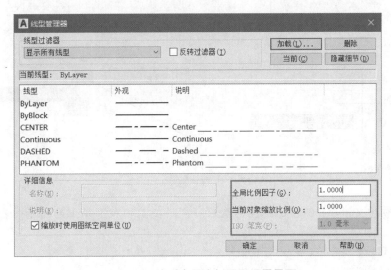

图 1-17　线型全局比例因子设置界面

提示：

为了方便1:1的绘图需要，可根据图形的大小来设置不同的图形界限。

4. 直线命令的使用

直线命令是绘图中最简单常用的绘图命令，可以在两点之间绘制一条直线。创建直线的方式通常有以下四种：

（1）在命令行中用键盘输入"Line"，可缩写输入"L"。

（2）选择菜单栏的"绘图 > 直线"命令。

（3）单击"绘图"工具条上"直线"按钮 ✐。

（4）在功能区"默认"选项卡的"绘图"面板中单击"直线"按钮 ✐，如图1-18所示。

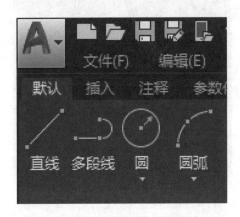

图 1-18　功能区中创建直线的命令工具

选择"直线"按钮绘制直线（L），选择起始点（可自动捕捉起始点，也可通过输入对应坐标来选择），然后再选择下一点即可进行连续直线绘制；也可通过输入线段角度、长度等参数来进行绘制，或通过其他辅助命令进行角度线的绘制，例如极轴中的角度追踪，如图1-19所示。

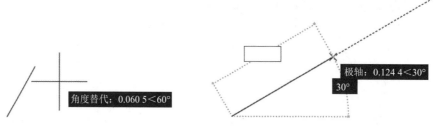

图 1-19　绘制直线的方法

提示：

（1）相对坐标：至图形已产生的最后一点，在 X 轴和 Y 轴上的增量。表示方法：@ X,Y。

注：此逗号必须是英文输入法下的逗号。

（2）相对极坐标。

①已知线长及角度的线，可用"@线长＜角度"表示。

②未知线长、已知角度的线，可用"＜角度"表示。

注：在 CAD 中角度是按逆时针方向为正。

5. 修剪命令的使用

创建修剪的方式有以下四种：

（1）在命令行中用键盘输入"TRIM"，可缩写输入"TR"。

（2）选择菜单栏的"修改＞修剪"命令。

（3）单击"绘图"工具条上的"修剪"按钮 。

（4）在功能区"默认"选项卡的"修改"面板中单击"修剪"按钮 ，如图 1-20 所示。

图 1-20　功能区中创建修剪的命令工具

修剪命令是经常使用的编辑命令，其一般有以下两种操作方法：

第一种：选择修剪（TR）命令 修剪，选择剪切边，此时可以选择一条或多条剪切边，选择完成后，按空格键或单击鼠标右键或按【Enter】键确定，此时根据需求去修剪所需的线段。在修剪过程中，若出现 符号，则说明该处线段可以被修剪，单击鼠标左键即可完成修剪操作。如图 1-21 所示。

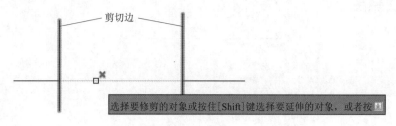

剪切边

选择要修剪的对象或按住[Shift]键选择要延伸的对象，或者按 ⬚

图1-21 选择剪切边完成修剪操作

第二种：与第一种操作的不同之处是不选择剪切边。选择修剪命令后，按下空格键，选择要修剪的线段后，其可自动识别相交处进行修剪，如图1-22所示。

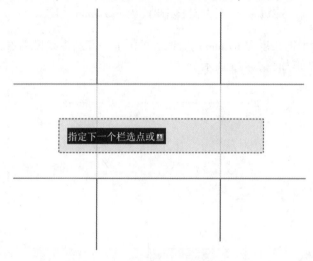

指定下一个栏选点或 ⬚

图1-22 不选择剪切边完成修剪操作

注：第一种修剪方法适用于图中线条多且复杂的情况，通过选择剪切边能准确地修剪线条；第二种修剪方法比较灵活、快捷。操作者可根据使用习惯选择使用。

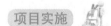

 平行方片的绘制

步骤1：新建一个 DWT 文件，设置图层，选择粗实线。

步骤2：绘制图形最上面的直线。选择直线（L）命令 ✎，选择轮廓线对应图层，输入绝对直角坐标（0,0），按空格键确认之后输入（22,0），完成图形如图1-23所示。

图1-23 绘制图形最上面的直线

步骤3：绘制右侧长度为 20 mm 的斜线，可通过设置角度、长度的方式完成绘制。在上一步操作的基础上，输入"<-125"，然后鼠标移至下方，输入"20"，完成图形

如图 1 - 24 所示。

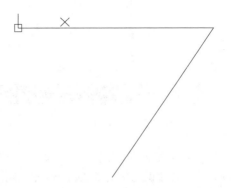

图 1 - 24 绘制图形右侧长度为 20 mm 的斜线

步骤 4：绘制中部长度为 10 mm 的直线。单击上一段结束线段端点，输入绝对坐标（-10,0），完成图形如图 1 - 25 所示。

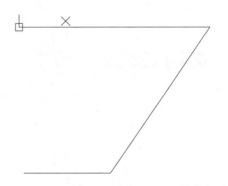

图 1 - 25 绘制图形中部 10 mm 的直线

步骤 5：绘制长度为 15 mm 的斜线。方法与步骤 3 相同，可通过设置角度、长度的方式，输入角度 "＜-125"、长度 "15"，完成图形如图 1 - 26 所示。

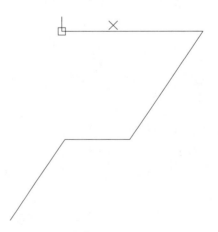

图 1 - 26 绘制长度为 15 mm 的斜线

步骤 6：绘制左侧长度为 35 mm 的斜线。重复使用直线（L）命令，输入绝对直角坐标 (0,0)，输入角度 "＜-125"、长度 "35"，完成图形如图 1 - 27 所示。

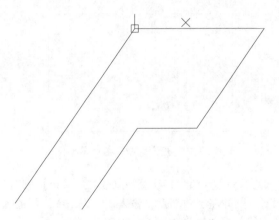

图 1 - 27　绘制左侧长度为 35 mm 的斜线

步骤 7：捕捉右边线段端点完成绘图，即完成平行方片图形的绘制，完成图形如图 2 - 28 所示。

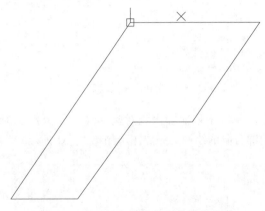

图 1 - 28　平行方片绘制完成的效果图

提示：

（1）绘图时可以灵活打开线宽显示；

（2）绝对直角坐标是指任意点与绝对坐标原点位置的增量关系；

（3）输入 X、Y 坐标时要以英文半角逗号"，"进行分割，否则会出错；

（4）输入绝对直角坐标时，状态栏中的动态输入要关闭；

（5）结束直线命令后可以用空格键重新使用直线命令。

 任务二　小阶梯的绘制

步骤 1：新建一个 DWT 文件，并设置图层。

步骤 2：选择直线（L）命令，单击空白处任意点为起点，依次输入相对直角坐标（@0,40）、（@60,0）、（@0,-40），输入"C"或单击起点，闭合图形，完成一个矩形轮廓的绘制，完成图形如图 1 - 29 所示。

图 1－29　矩形轮廓的绘制效果图

步骤3：重复使用直线（L）命令，在空白处按住【shift】键右击鼠标，调出菜单栏并选择"自（F）"，起点选择左下角端点，输入（@11,6），再输入（@0,7），绘制出内部轮廓左侧的一条直线，完成图形如图1－30所示。

图 1－30　绘制内部轮廓左侧直线

步骤4：在上一步的基础上依次输入相对坐标（@12,0）、（@0,8）、（@13,0）、（@0,9），完成内部轮廓台阶的绘制，完成图形如图1－31所示。

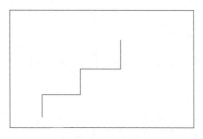

图 1－31　绘制内部轮廓台阶图形

步骤5：在上一步的基础上继续输入（@14,0），再输入（@0,24），完成图形如图1－32所示。

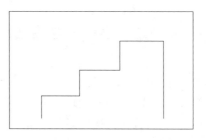

图 1－32　绘制内部轮廓右侧部分图形

步骤6：输入"C"或单击起点，闭合图形，完成小阶梯的绘制，完成图形如图1-33所示。

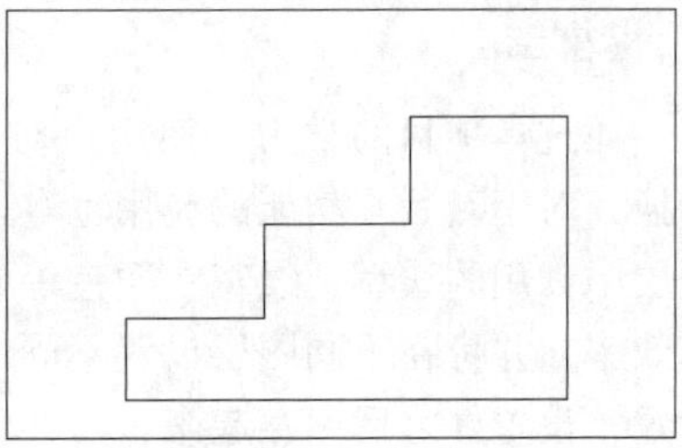

提示：

（1）在空白处按下【Shift】键+右键，可选择需要设置捕捉的对象属性；

（2）相对直角坐标是指下一点与上一点位置的增量关系；

（3）输入相对直角坐标时需要在坐标点的前面加上"@"符号；

图1-33　小阶梯图形绘制完成效果图

（4）打开动态输入  后只需要选择起点，之后输入的坐标CAD会自动在前面加上"@"；

（5）结束直线命令后可以用空格键重新使用直线命令。

任务评价 NEWST

（1）平行方片检测评价表见表1-1。

表1-1　平行方片检测评价表

序号	考核要求	配分	自检	师检	得分
1	图层设置正确	15			
2	长度为22 mm的直线绘制正确	15			
3	长度为20 mm的直线绘制正确	15			
4	长度为10 mm的直线绘制正确	15			
5	长度为15 mm的直线绘制正确	15			
6	长度为35 mm的直线绘制正确	15			
7	图形绘制完整、无缺漏	10			
合计		100			

（2）小阶梯检测评价表见表1-2。

表1-2　小阶梯检测评价表

序号	考核要求	配分	自检	师检	得分
1	图层设置正确	10			
2	长度为40 mm直线绘制正确，2条	5×2			
3	长度为60 mm直线绘制正确，2条	5×2			
4	长度为7 mm的直线绘制正确	10			
5	长度为8 mm的直线绘制正确	10			
6	长度为9 mm的直线绘制正确	10			
7	长度为12 mm的直线绘制正确	10			
8	长度为13 mm的直线绘制正确	10			
9	长度为14 mm的直线绘制正确	10			
10	图形绘制完整、无缺漏	10			
合计		100			

项目小结

通过本项目的学习，使用户对 AutoCAD 2020 有一定的了解，尤其是新、老版本的转换，对于新版本功能的应用也有了一定的掌握。通过讲授图层的设置，使用户了解了图层中常用的线型、线宽、颜色等参数的设置方法。合理利用好图层可以有效地提高工作效率，并可在不同图层设置不同的线宽、线型、颜色等，一般来说图层在绘图前进行设置，设置好之后保存起来，需要绘图时直接打开即可，而不必每张图都去设置一遍，从而节省时间。本项目重点讲了运用直线命令进行图形的绘制，特别是举例讲授了运用绝对坐标、相对极坐标等方法绘制图形的过程，相信学完本项目后对于直线命令的使用也有了一定的了解。

AutoCAD 的学习是一个循序渐进的过程，先从了解基本的绘图命令开始，如相对直角坐标和相对极坐标等，使自己能由浅入深，从而一步步由简到繁地掌握 AutoCAD 的使用技术。

党的二十大报告指出，当代中国青年生逢其时，施展才干的舞台无比广阔，实现梦想的前景无比光明。我们应该坚定不移听党话、跟党走，怀抱梦想又脚踏实地，敢想敢为又善作善成，立志做有理想、敢担当、能吃苦、肯奋斗的新时代好青年。纸上得来终觉浅，绝知此事要躬行，面对日新月异的社会变化和知识更新周期的不断缩短，我们不能当"两耳不闻窗外事"的"书呆子"，应结合工作，结合生活，实践出真知，在学习 AutoCAD 时要多练、多想、多交流。建议除了做好课本的各个练习外，还要找一些与工作或本专业相关的图纸，先从一张最简单的图纸开始，循序渐进，勤于画图，坚持不懈，用心做好，从而打下扎实的基础。

拓展训练

（1）绘制如图 1-34 所示图形，练习用坐标的方式绘制直线，尺寸不需要标注。

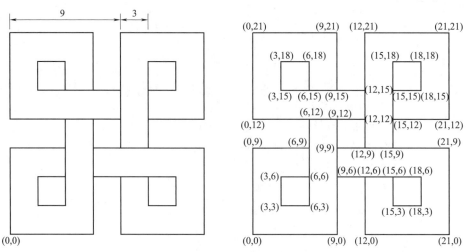

图 1-34　练习图形 1

（2）绘制如图 1 – 35 所示图形，选择适当的方式绘制，尺寸不需要标注。

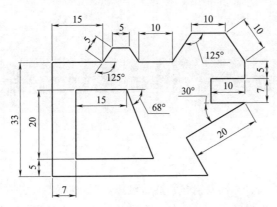

图 1 – 35　练习图形 2

项目二　小熊和钉子架的绘制

项目目标

（1）熟悉圆、圆弧、椭圆及射线、构造线等绘图命令的画法及应用；

（2）了解删除、镜像等修改命令的使用方法；

（3）初步培养对图形进行分析的能力；

（4）理解"工匠精神"的精髓；

（5）培养注重质量、保守机密的素养，并树立正确的职业道德观。

工作任务

本项目将根据图2-1所示的小熊和图2-2所示的钉子架两个图形为例，进一步通过对图形的认识和学习，掌握圆弧、圆与椭圆等绘图命令的绘图方法和技巧，并了解删除等修改命令的使用、镜像线段的操作以及构造线和射线的生成方法。

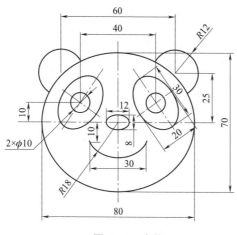

图2-1　小熊

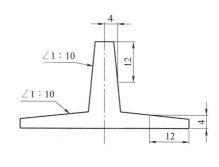

图2-2　钉子架

知识链接

1. 圆弧命令的使用

创建圆弧的方式有以下四种：

（1）在命令行中用键盘输入"Arc"，可缩写输入"A"。

（2）选择菜单栏的"绘图＞圆弧"命令，如图2-3所示。

（3）单击"绘图"工具条中"圆弧"按钮。

（4）在功能区"默认"选项卡的"绘图"面板中单击"圆弧"按钮，如图2-4所示。

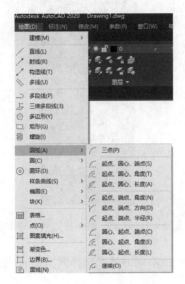 

图2-3 菜单栏中创建圆弧的命令　　图2-4 功能区中创建圆弧的命令工具

选择圆弧（A）命令，通常可以从列表中找到绘制圆弧的对应方式，如图2-5所示。

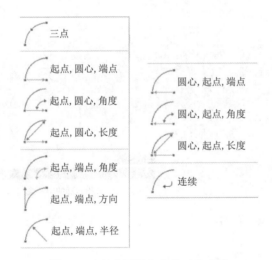

图2-5 创建圆弧命令的对应方式

例如：三点画圆弧，即连续选择三个经过圆弧的点；也可以输入"C"，选择中心，接着找到圆弧起始点和终点。（通常需要通过分析不同的点位去选择需要的绘制方式。）

2. 圆命令的使用

在 AutoCAD 中创建圆的方式有以下四种：

（1）在命令行中用键盘输入"Circle"，可缩写输入"C"。

（2）选择菜单栏的"绘图 > 圆"命令，如图2-6所示。

（3）单击"绘图"工具条上"圆"按钮。

（4）在功能区"默认"选项卡的"绘图"面板中单击"圆"按钮⊘，如图2-7所示。

图2-6　菜单栏中创建圆的命令　　图2-7　功能区中创建圆的命令工具

选择圆（C）命令⊘绘制圆，通常可以根据不同的情况选择对应的方式，如图2-8所示。

如图2-8所示创建圆的方式中，前两种都需要找到对应的圆心点，并输入对应的半径或直径，如图2-9所示；中间两种需要找到对应圆上的点位（2~3个），如图2-10所示；后面两种需要找到两个相切点和一个半径或找到三个相切点，如图2-11所示。

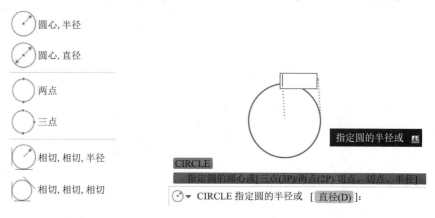

图2-8　创建圆命令的对应方式　　图2-9　通过圆心与半径或直径绘制圆的方式

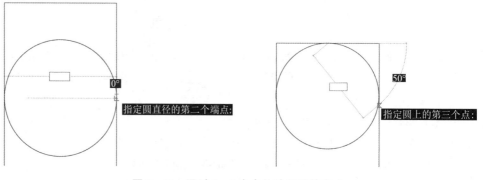

图2-10　通过2~3个点位绘制圆的方式

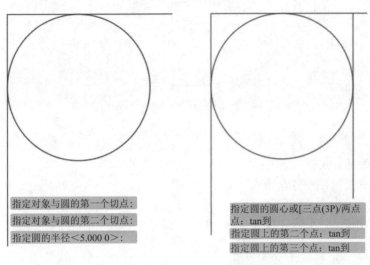

指定对象与圆的第一个切点：

指定对象与圆的第二个切点：

指定圆的半径<5.000 0>：

指定圆的圆心或[三点(3P)/两点点：tan到

指定圆上的第二个点：tan到

指定圆上的第三个点：tan到

图 2 – 11　通过两个相切点和一个半径或找到三个相切点绘制圆的方式

3. 椭圆命令的使用

创建椭圆的方式有以下四种：

（1）在命令行中用键盘输入"EllIPSE"，可缩写输入"EL"。

（2）选择菜单栏的"绘图 > 椭圆"命令，如图 2 – 12 所示。

（3）单击"绘图"工具条上"椭圆"按钮 ⊙。

（4）在功能区"默认"选项卡的"绘图"面板中单击"椭圆"按钮 ⊙，如图 2 – 13 所示。

图 2 – 12　菜单栏中创建椭圆的命令　　　图 2 – 13　功能区中创建椭圆的命令工具

选择椭圆（EL）命令，使用不同条件和方法绘制椭圆，例如先选择椭圆圆心，再输入椭圆大径和小径，如图 2 – 14 所示。

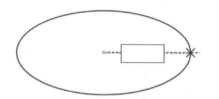

图 2 – 14   通过椭圆圆心绘制椭圆操作方法

4. 射线命令的使用

创建射线的方式有以下三种：

（1）在命令行中用键盘输入"RAY"。

（2）选择菜单栏的"绘图 > 射线"命令。

（3）在功能区"默认"选项卡的"绘图"面板中单击"射线"按钮 ，如图 2 – 15 所示。

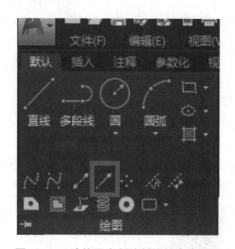

图 2 – 15   功能区中创建射线的命令工具

运用射线命令绘制射线，即选择射线命令 射线(R)，选择起始点，输入射线角度，如图 2 – 16 所示。

图 2 – 16   运用射线命令绘制射线操作方法

5. 构造线命令的使用

创建构造线的方式有以下四种：

（1）在命令行中用键盘输入"XLINE"，可缩写输入"XL"。

（2）选择菜单栏的"绘图 > 构造线"命令。

（3）单击"绘图"工具条上"构造线"按钮 ✐。

（4）在功能区"默认"选项卡的"绘图"面板中单击"构造线"按钮 ✐，如图 2 - 17 所示。

图 2 - 17　功能区中创建构造线的命令工具

选择构造线（XL）命令 ✐ 构造线(T)，选择起始中点，输入构造线角度，如图 2 - 18 所示。

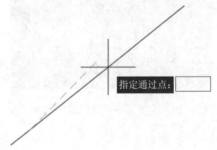

图 2 - 18　运用构造线命令绘制构造线操作方法

6. 删除命令的使用

创建删除的方式有以下四种：

（1）在命令行中用键盘输入"ERASE"，可缩写输入"E"。

（2）选择菜单栏的"修改 > 删除"命令。

（3）单击"修改"工具条上"删除"按钮 ✐。

（4）在功能区"默认"选项卡的"修改"面板中单击"删除"按钮 ✐，如图 2 - 19 所示。

选择删除（E）命令 ✐，选择对应线段、块或者其他参数线条，使用删除命令进行删除。

7. 镜像命令的使用

创建镜像的方式有以下四种：

（1）在命令行中用键盘输入"MIRROR"，可缩写输入"MI"。

（2）选择菜单栏的"修改 > 镜像"命令。

图 2 – 19 功能区中创建删除的命令工具

（3）单击"修改"工具条上"镜像"按钮 ⚠。

（4）在功能区"默认"选项卡的"修改"面板中单击"镜像"按钮 ⚠，如图 2 – 20 所示。

图 2 – 20 功能区中创建镜像的命令工具

选择镜像命令 ⚠ 镜像（MI）绘制对称部分，先选中要镜像的部分，然后选择镜像中心线的两端点进行镜像，如图 2 – 21 所示，根据需求选择是否删除源对象。

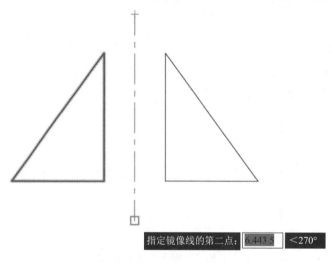

指定镜像线的第二点：| 6.443.5 | <270°

图 2 – 21 运用镜像命令操作方法

任务一　小熊的绘制

步骤 1：绘制小熊鼻子（椭圆）。使用直线命令（L）绘制相互垂直的两条中心线，输入椭圆命令（EL），指定两条中心线的交点为圆心，输入长、短半轴半径 6 和 4，确定后完成椭圆的绘制，绘制效果如图 2-22 所示。

步骤 2：绘制小熊脸部（椭圆）。输入椭圆命令（EL），输入"C"确认后进入指定椭圆的中心点状态，鼠标左键单击指定步骤 1 所绘制的两条中心线的交点为椭圆的中心点，直接输入"40"来确认椭圆的长半轴为 40 mm，然后输入"35"来确认椭圆的短半轴为 35 mm，绘制效果如图 2-23 所示。

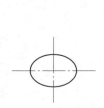

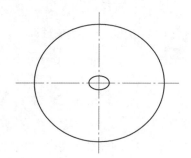

图 2-22　绘制小熊鼻子　　　　　　　图 2-23　绘制小熊脸部

步骤 3：绘制小熊右眼黑眼圈（椭圆）。输入椭圆命令（EL），按住【Shift】键同时单击右键，选择"自（F）"，选择步骤 1 所绘制的两条中心线的交点作为基点，输入"C"确认后进入指定椭圆的中心点状态，输入相对坐标（@20，10）以确定椭圆的中心，找到圆心点后输入角度" < -55"，输入长半轴长度"15"，接着输入短半轴长度"10"，用圆命令绘制小熊右眼眼珠 φ10 mm，绘制效果如图 2-24 所示。

步骤 4：绘制小熊右边耳朵。通过定位绘制 R12 mm 圆，并进行修剪（TR），绘制后效果如图 2-25 所示。

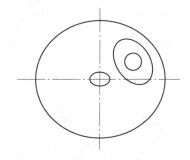

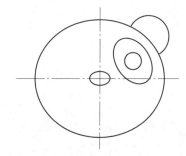

图 2-24　绘制小熊右眼　　　　　　　图 2-25　绘制小熊右耳朵

步骤 5：绘制小熊左半部分。输入镜像命令（MI），选择镜像对象为步骤 3 和步骤 4

所绘制的椭圆、圆和圆弧，右键单击确定后，选择镜像线的第一点和第二点均为竖直中心线上的点，提示是否要删除源对象，敲击空格键完成绘制，绘制效果如图 2 – 26 所示。

步骤 6：绘制小熊嘴巴（圆弧）。通过给定尺寸绘制一条圆弧起点终点的辅助线，选择圆弧（A）命令，通过"起点、端点、半径"的方法完成圆弧的绘制，绘制效果如图 2 – 27 所示。

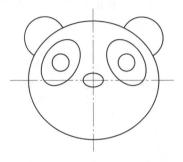 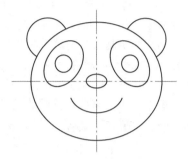

图 2 – 26　镜像小熊左右轮廓　　　　图 2 – 27　绘制小熊嘴巴

任务二　钉子架的绘制

步骤 1：打开 2 – 3DWG 源文件，根据图 2 – 28（b）补画图 2 – 28（a）。

步骤 2：下拉默认绘图菜单栏，选择构造线，在空白处右击选择"自（F）"，根据定位尺寸选择右下角基点，输入（@ – 12,4），再根据锥度比例输入（@ 10，– 1），绘制后的构造线如图 2 – 29 所示。

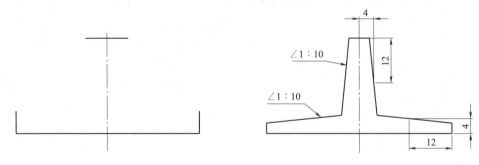

图 2 – 28　钉子架图形

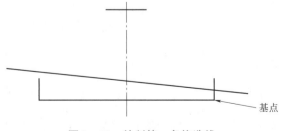

图 2 – 29　绘制第一条构造线

步骤 3：继续使用构造线（XL）命令，在空白处右击选择"自（F）"，根据尺寸选择上面水平线与中心线交点为基点，输入（@4，-12），再根据锥度比例输入（@1，-10），绘制后的构造线如图 2-30 所示。

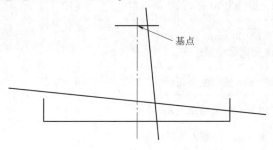

基点

图 2-30　绘制第二条构造线

步骤 4：使用修剪（TR）命令，修剪多余直线，修剪后的图形如图 2-31 所示。

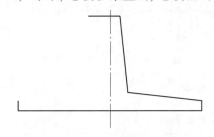

图 2-31　修剪后的图形

步骤 5：使用镜像（MI）命令，镜像两条斜线，选择中心线为镜像中心线，并修剪多余线段，完成后的效果图如图 2-32 所示。

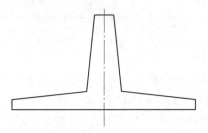

图 2-32　绘制完成的钉子架

任务评价

（1）小熊检测评价表见表 2-1。

表 2-1　小熊检测评价表

序号	考核要求	配分	自检	师检	得分
1	图层设置正确	10			
2	长半轴为 12 mm、短半轴为 8 mm 的椭圆绘制正确	10			

序号	考核要求	配分	自检	师检	得分
3	长轴为 80 mm、短轴为 70 mm 的椭圆绘制正确	10			
4	长半轴为 30 mm、短半轴为 20 mm 的椭圆绘制正确，2 个	8×2			
5	直径为 φ10 mm 的圆绘制正确，2 个	8×2			
6	半径为 R12 mm 的圆绘制正确，2 个	8×2			
7	半径为 R18 mm 的圆弧绘制正确	10			
8	图形绘制完整、无缺漏	12			
	合计	100			

（2）钉子架检测评价表见表 2-2。

表 2-2　钉子架检测评价表

序号	考核要求	配分	自检	师检	得分
1	图层设置正确	10			
2	∠1:10 直线绘制正确，4 条	20×4			
3	图形绘制完整、无缺漏	10			
	合计	100			

项目小结

　　通过对小熊和丁字架两个案例的分析讲解，我们认识了圆、圆弧和椭圆等绘图命令的使用，同时结合删除、修剪等修改工具的运用，使我们更进一步掌握了如何通过 CAD 的绘图工具去绘制一些简单的图形。在绘图时，应该先分析图形特征，确定好绘图的先后顺序，同时在绘图过程中，我们应该熟练掌握各绘图和修改命令的快捷方式，需要用到的命令可以直接输入快捷键调用，同时要配合空格键，那样可以极大地提高绘图的效率。

　　在 CAD 学习的过程中，我们应始终秉承精益求精的"工匠精神"，好好学习制图基本理论，贯彻执行国家标准规范，培养认真负责的工作态度，严谨细致、精益求精的工作作风，为党的二十大报告提出的第二个百年计划努力，为我国从制造大国迈向制造强国的目标勤奋学习，打下坚实的基础。

拓展训练

（1）绘制如图 2-33 所示的平面图形，尺寸不需要标注。

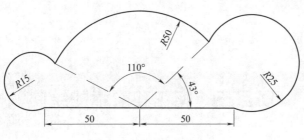

图 2 - 33　练习图形 1

（2）绘制如图 2 - 34 所示的平面图形，尺寸不需要标注。

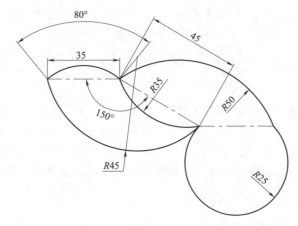

图 2 - 34　练习图形 2

项目三　胸花和徽章的绘制

项目目标

（1）掌握正多边形和矩形等绘图命令的使用；

（2）了解阵列、偏移、延伸以及旋转等修改命令的使用；

（3）掌握民族精神和时代精神的核心。

工作任务

本项目将以图 3-1 所示的徽章和图 3-2 所示的胸花为例，在掌握原有直线、圆等绘图命令的基础上，进一步学习正多边形和矩形等绘图命令的使用。同时在掌握修剪、删除等命令的基础上，进一步学习阵列、偏移、延伸以及旋转命令的使用。巩固之前学习的基础命令，同时掌握新的绘图命令和修改命令是 CAD 新手进阶的必修课程。

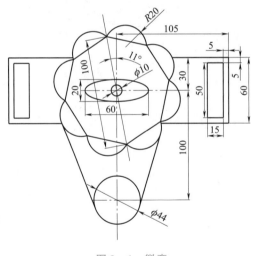

图 3-1　徽章

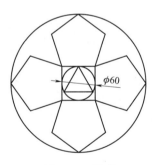

图 3-2　胸花

知识链接

1. 正多边形命令的使用

正多边形命令用于绘制 3~1 024 边的正多边形。

创建正多边形的方式有以下四种：

（1）在命令行中用键盘输入"POLYGON"。

（2）选择菜单栏的"绘图＞多边形"命令。

（3）单击"绘图"工具条上"多边形"按钮 ⬡。

（4）在功能区"默认"选项卡的"绘图"面板中单击"多边形"按钮⬠，如图3-3所示。

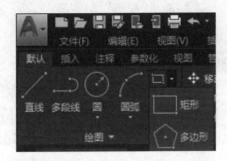

图3-3　功能区中创建多边形的命令工具

选择多边形命令（POL）绘制图形，命令栏提示输入需要绘制正多边形的侧边数，输入所需的数值后，指定正多边形的中心，此时输入选项提示界面如图3-4所示，选择对应的"内接于圆"或"外切于圆"选项，完成后的正五边形示例如图3-5所示。

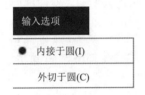

图3-4　输入选项提示界面

图3-5　正五边形示例

在绘制正多边形时，可以通过输入"E"，采用确定两个端点从而确定边长的方式，通过选择直线的两端点来确认所需要绘制的正五边形，如图3-6所示。

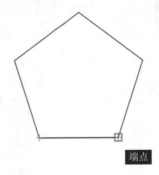

图3-6　通过确定两端点绘制正五边形

2. 矩形命令的使用

创建矩形的方式有以下四种：

（1）在命令行中用键盘输入"RECTANG"，可缩写输入"REC"。

（2）选择菜单栏的"绘图 > 矩形"命令。

（3）单击"绘图"工具条上"矩形"按钮▭。

（4）在功能区"默认"选项卡的"绘图"面板中单击"矩形"按钮▭，如图3-7所示。

图3-7　功能区中创建矩形的命令工具

选择矩形（REC）命令，找到绘制矩形的左下角和右上角；或者指定矩形第一个角点的位置，输入"D"表示尺寸，接着输入长度和宽度，然后指定另一个角点。

3. 阵列命令的使用

阵列分为矩形阵列、路径阵列和环形阵列三种。

创建矩形阵列的方式有以下四种：

（1）在命令行中用键盘输入"ARRAYRECT"。

（2）选择菜单栏的"修改>阵列>矩形阵列"命令，如图3-8所示。

（3）单击"修改"工具条上"矩形阵列"按钮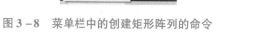。

（4）在功能区"默认"选项卡的"修改"面板中单击"矩形阵列"按钮，如图3-9所示。

图3-8　菜单栏中的创建矩形阵列的命令　　　图3-9　功能区中创建矩形阵列的命令工具

矩形阵列可以按任意行、列和层级组合分布对象副本，选择阵列对象后，根据提示输入行数、列数、行间距和列间距，设置界面如图3-10所示，矩形阵列创建后的效果如图3-11所示。

图 3 –10　矩形阵列设置界面

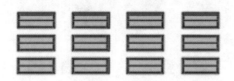

图 3 –11　矩形阵列创建效果图

创建路径阵列的方式有以下三种：

（1）在命令行中用键盘输入"ARRAYPATH"。

（2）选择菜单栏的"修改 > 阵列 > 路径阵列"命令。

（3））在功能区"默认"选项卡上"修改"面板中单击"路径阵列"按钮 。

路径阵列创建是沿整个路径或部分路径平均分布对象副本。选择路径阵列命令后，选择阵列对象，根据提示输入行数、行间距和总距离，设置界面如图 3 –12 所示。路径可以是直线、多段线、三维多段线、样条曲线、螺旋、圆弧、圆或椭圆。路径阵列创建后的效果如图 3 –13 所示。

图 3 –12　路径阵列设置界面

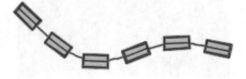

图 3 –13　路径阵列创建效果图

创建环形阵列的方式有以下三种：

（1）在命令行中用键盘输入"ARRAYPOLAR"。

（2）选择菜单栏的"修改 > 阵列 > 环形阵列"命令。

（3）在功能区"默认"选项卡的"修改"面板中单击"环形阵列"按钮 。

环形阵列创建是绕某个中心点或旋转轴形成的环形图案平均分布对象副本，通过围绕指定的中心点或旋转轴复制选定对象来创建阵列。选择环形阵列命令后，选择阵列对象，指定阵列的中心点，设置项目数、间距角度以及行数，设置界面如图 3 –14 所示。环形阵列创建后的效果如图 3 –15 所示。

图 3 - 14　环形阵列设置界面

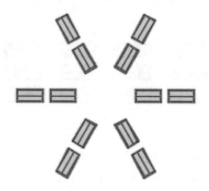

图 3 - 15　环形阵列创建效果图

4. 偏移命令的使用

创建偏移的方式有以下四种：

（1）在命令行中用键盘输入"OFFSET"，可缩写输入"O"。

（2）选择菜单栏的"修改 > 偏移"命令。

（3）单击"修改"工具条上"偏移"按钮 。

（4）在功能区"默认"选项卡的"修改"面板中单击"偏移"按钮 ，如图 3 - 16 所示。

图 3 - 16　功能区中创建偏移的命令工具

选择偏移（O）命令 偏移(S)，选择要偏移的线段，输入偏移距离，选择偏移方向（可以选择双向偏移）。

5. 延伸命令的使用

创建延伸的方式有以下四种：

（1）在命令行中用键盘输入"EXTEND"，可缩写输入"EX"。

（2）选择菜单栏的"修改 > 延伸"命令。

（3）单击"修改"工具条上"延伸"按钮 。

（4）在功能区"默认"选项卡的"修改"面板中单击"延伸"按钮 ，如图 3 - 17 所示。

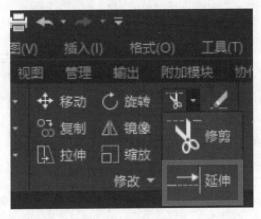

图 3 - 17　功能区中创建延伸的命令工具

　　选择延伸（EX）命令 ↦ 连接线段，选择延伸到的边界后再去选择要延伸的对象，如图 3 - 18 所示；或选择延伸到下一边界，如图 3 - 19 所示。

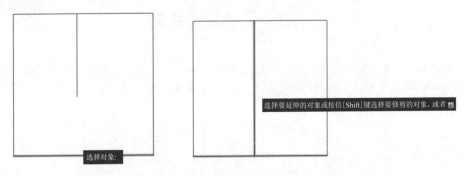

图 3 - 18　延伸命令演示

图 3 - 19　延伸到下一边界演示

6. 旋转命令的使用

创建旋转的方式有以下四种：

（1）在命令行中用键盘输入"ROTATE"，可缩写输入"RO"。

（2）选择菜单栏的"修改 > 旋转"命令。

（3）单击"修改"工具条上"旋转"按钮 ↻。

（4）在功能区"默认"选项卡的"修改"面板中单击"旋转"按钮 ↻，如图 3 - 20 所示。

图 3 – 20　功能区中创建旋转的命令工具

选择旋转命令（RO），输入旋转角度值（0°～360°），在对话框中输入"C"可以创建该对象的副本，输入"R"将对象从指定参照角度旋转到绝对角度。

项目实施

任务一　徽章的绘制

步骤 1：绘制两条中心线，在交点处绘制 ϕ10 mm 的圆（C）及长半轴 30 mm、短半轴 10 mm 的椭圆（EL），绘制后的效果如图 3 – 21 所示。

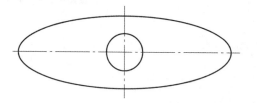

图 3 – 21　绘制中心线、ϕ10 mm 的圆和椭圆

步骤 2：在圆心处创建多边形（POL），边数为 8，内接于 ϕ100 mm 的圆，并绕着圆心旋转（RO）11°，绘制后的正八边形效果如图 3 – 22 所示。

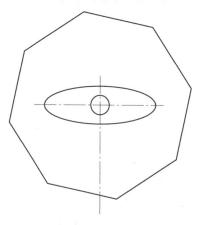

图 3 – 22　绘制正八边形

步骤3：在正八边形的边上创建两点半径圆弧（A），半径为20 mm。绘制后的圆弧效果如图3-23所示。

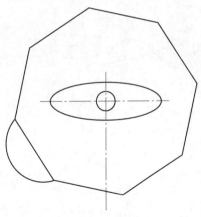

图3-23 绘制圆弧

步骤4：选择圆弧进行环形阵列，选择中心线交点为圆心，填充角度360°，项目数8个。偏移水平中心线向下100 mm，并在新的交点处创建ϕ44 mm的圆，绘制后的效果如图3-24所示。

步骤5：选择直线（L）命令，空白处右击菜单栏选择切点（TAN），按图分别选择圆弧上切点（大致任意点即可），重复操作绘制另一条切线，绘制后的效果如图3-25所示。

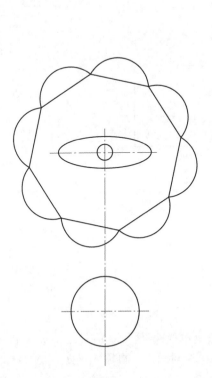

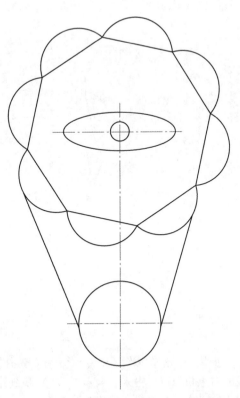

图3-24 环形阵列并绘制圆   图3-25 绘制左右两侧切线

步骤6：单击上面的中心线，通过端点的控制点延长中心线，使用偏移（O）命令，水平中心线向上偏移30 mm，垂直中心线向右偏移105 mm，绘制后的效果如图3-26所示。

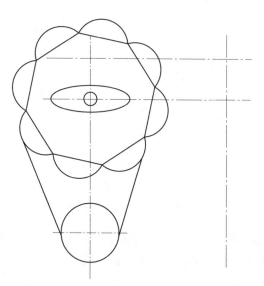

图3-26　运用偏移命令绘制右侧中心线

步骤7：把偏移的中心线图层换成外轮廓的粗实线图层，偏移右上水平线向下60 mm，通过修剪（TR）或删除（E）命令，去除不需要的线段，绘制后的效果如图3-27所示。

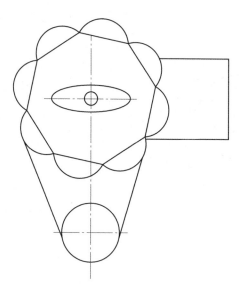

图3-27　修剪多余线条

步骤8：选择矩形（REC）命令，空白处右击菜单栏选择"自（F）"，单击偏移线段的右上角端点，输入（@-5，-5）找到矩形第一个对角点，再输入（@-15，-50）找到第二个对角点，绘制后的效果如图3-28所示。

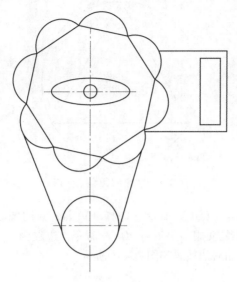

图 3 - 28   绘制矩形

步骤 9：镜像（MI）徽章右半部分，并使用延伸（EX）和修剪（TR）等命令完成徽章的绘制，绘制后的效果如图 3 - 29 所示。

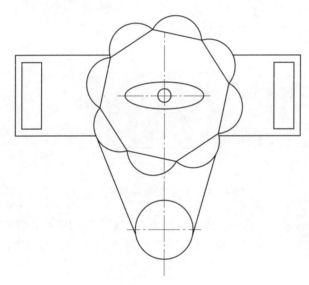

图 3 - 29   绘制完成后的徽章图形

任务二   胸花的绘制

步骤 1：绘制一个 $\phi30$ mm 的圆，选择多边形（POL）命令，选择 $\phi30$ mm 圆的圆心，边数为 3，内接于 $\phi30$ mm 圆，绘制后的效果如图 3 - 30 所示。

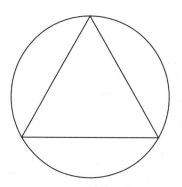

图 3 – 30　绘制圆和三角形

步骤 2：选择多边形（POL）命令，选择 φ30 mm 圆的圆心，边数为 4，外切于 φ30 mm 圆；用空格键重复使用多边形（POL）命令，边数为 5，选择边来生成多边形（选择正方形一边），绘制后的效果如图 3 – 31 所示。

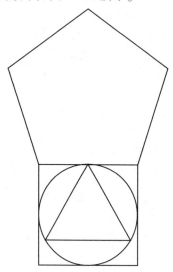

图 3 – 31　绘制正方形和正五边形

步骤 3：选择环形阵列命令，阵列对象为五边形，阵列中心选择 φ30 mm 圆心，项目数为 4，默认填充角度 360°，确认后完成环形阵列，绘制后的效果如图 3 – 32 所示。

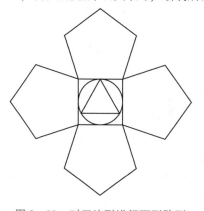

图 3 – 32　对五边形进行环形阵列

步骤 4：使用圆命令，圆心为 $\phi 30$ mm 圆的圆心，半径为五边形顶点，绘制后的效果如图 3–33 所示。

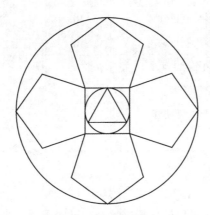

图 3–33　绘制 $\phi 30$ mm 圆

任务评价 NEWST.

（1）徽章检测评价表见表 3–1。

表 3–1　徽章检测评价表

序号	考核要求	配分	自检	师检	得分
1	图层设置正确	10			
2	$\phi 10$ mm 圆绘制正确	10			
3	长半轴 30 mm、短半轴 10 mm 的椭圆绘制正确	10			
4	正八边形绘制正确	10			
5	$R20$ mm 圆弧绘制正确，8 个	8×1			
6	$\phi 44$ mm 圆绘制正确	5×2			
7	左、右轮廓绘制正确，2 个	6×2			
8	矩形绘制正确，2 个	5×2			
9	左、右两侧切线绘制正确，2 条	5×2			
10	图形绘制完整、无缺漏	10			
	合计	100			

（2）胸花检测评价表见表 3–2。

表 3–2　胸花检测评价表

序号	考核要求	配分	自检	师检	得分
1	图层设置正确	10			
2	$\phi 30$ mm 圆绘制正确	10			

续表

序号	考核要求	配分	自检	师检	得分
3	内接三角形绘制正确	10			
4	外切正方形绘制正确	10			
5	正五边形绘制正确，5 个	8 × 5			
6	外接圆绘制正确	10			
7	图形绘制完整、无缺漏	10			
	合计	100			

项目小结

通过对徽章和胸花两个案例的分析讲解，在巩固了圆、椭圆等绘图命令的基础上，本项目又学习了正多边形和矩形等绘图命令的使用，同时学习了阵列、偏移、延伸以及旋转命令的使用。经过本项目的学习，使原本可能需要重复绘图的操作，通过简单的一个命令就能批量地完成所需绘制的图形，大大节省了绘图的时间，提高了绘图的效率，也避免了绘图过程中可能出现的抄画错误。在 CAD 绘制过程中，应合理地选用绘图命令，要善于创新、勇于创新，一张图纸，采用不同的命令、不同的方法绘制图形所用的时间和绘图的效果往往会不同。

习近平总书记在党的二十大报告中指出："必须坚持科技是第一生产力、人才是第一资源、创新是第一动力，深入实施科教兴国战略、人才强国战略、创新驱动发展战略，开辟发展新领域新赛道，不断塑造发展新动能新优势。"CAD 的学习，也要创新绘图方法，灵活运用命令，不断总结，提升自主学习的能力，能够随时随地地通过各种方法和途径，学习、积累和丰富自己的知识，奠定扎实的知识基础，争做新时代的创新型人才。

拓展训练

（1）绘制如图 3 - 34 所示的平面图形。

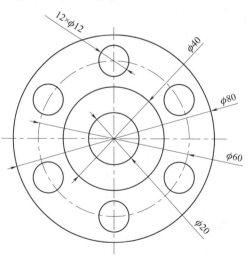

图 3 - 34　练习图形 1

（2）打开练习文件练习命令的操作，利用阵列命令完成如图 3 – 35 所示的平面图形，尺寸不需要标注。

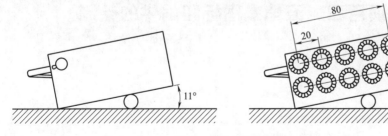

图 3 – 35　练习图形 2

项目四 五角星图标和蜗牛的绘制

项目目标

（1）熟悉图案填充等绘图命令的使用；

（2）了解移动、复制等修改命令的使用方法；

（3）了解中国制造业的发展和智能制造发展趋势，激发学生的爱国情怀和民族自豪感，为实现中国的强国之梦打下坚实的基础；

（4）理解"精益"的内涵。

工作任务

本项目将以图4-1所示的五角星图标和图4-2所示的蜗牛为例，巩固已学的绘图命令，进一步了解图案填充等绘图工具的使用，同时掌握移动、复制等修改工具的应用。

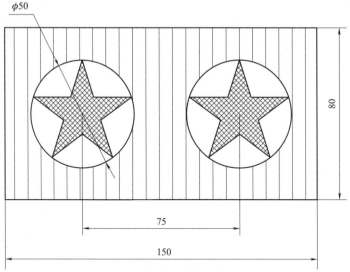

图4-1 五角星图标

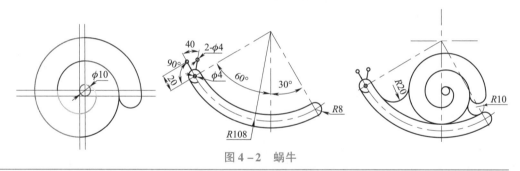

图4-2 蜗牛

知识链接

1. 图案填充命令的使用

创建图案填充的方式有以下四种：

（1）在命令行中用键盘输入"HATCH"，可缩写输入"H"。

（2）选择菜单栏的"绘图 > 图案填充"命令。

（3）单击"绘图"工具条上"图案填充"按钮 。

（4）在功能区"默认"选项卡的"绘图"面板中单击"图案填充"按钮 ，如图4-3所示。

图4-3　功能区中创建图案填充的命令工具

选择图案填充（H）命令 绘制剖面线，单击要填充的区域，如图4-4所示。

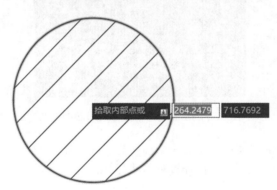

图4-4　图案填充操作演示

在"图案"选项中选择剖面线的图案，一般机械零件图案填充选"ANS131"，如图4-5所示。

SOLID　　　　ANGLE　　　　ANSI31　　　ANSI32

图4-5　选择图案填充样式

在"特性"选项中可以修改不同的填充效果，包括图案填充的透明度、图案填充的角度和图案填充的比例等，如图4-6所示。

图4-6 修改填充效果

2. 移动命令的使用

创建移动的方式有以下四种：

(1) 在命令行中用键盘输入"MOVE"，可缩写输入"M"。

(2) 选择菜单栏的"修改 > 移动"命令。

(3) 单击"修改"工具条上"移动"按钮✛。

(4) 在功能区"默认"选项卡的"修改"面板中单击"移动"按钮✛，如图4-7所示。

图4-7 功能区中创建移动的命令工具

选择移动（M）命令✛移动，指定一个移动的原点，指定要移动到的终点，可以通过坐标的输入、点位的捕捉或距离的偏置来移动对象。

3. 复制命令的使用

创建复制的方式有以下四种：

(1) 在命令行中用键盘输入"COPY"，可缩写输入"CO"。

(2) 选择菜单栏的"修改 > 复制"命令。

(3) 单击"修改"工具条上"复制"按钮🗍。

(4) 在功能区"默认"选项卡的"修改"面板中单击"复制"按钮🗍，如图4-8所示。

选择复制（CO）命令🗍，在指定的方向上按照给定的距离或通过点位的移动复制对象。

图 4 - 8　功能区中创建复制的命令工具

项目实施

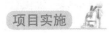

任务一　五角星图标的绘制

步骤 1：先绘制外部边界，选择矩形（REC）命令绘制 150 mm × 80 mm 长方形，然后选择左下角任意点，再用相对坐标输入（@ 150，80），绘制效果如图 4 - 9 所示。

图 4 - 9　绘制长方形

步骤 2：绘制内部图案，选择圆（C）命令，然后采用对象捕捉的方式选取矩形中心作为 φ50 mm 圆的圆心，绘制 φ50 mm 圆。选择多边形（POLY）命令，输入"5"，选择 φ50 mm 圆心为五边形的中心点，跳出对话框选择"内接于圆（I）"，然后根据提示输入"25"作为圆的半径，即可完成五边形的绘制，绘制后的内接五边形如图 4 - 10 所示。

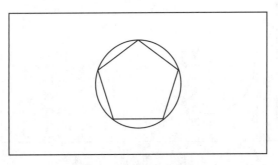

图 4 - 10　绘制内部图标

步骤3：用直线连接对角线，并运用修剪（TR）和删除（E）命令对多余线段进行处理，绘制后的图形如图4-11所示。

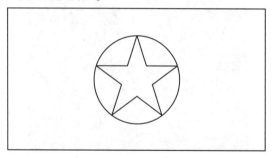

图4-11　绘制和修剪内部图案

步骤4：用移动命令（M）移动内部图案到左侧，输入移动（V）命令后，提示选择对象，将步骤3绘制的 ϕ50 mm圆和内接五角星作为选择对象，然后右键确认，采用对象捕捉的方式，选择 ϕ50 mm圆的圆心作为基点，然后输入（@ -37.5，0），使内部图案向左移动37.5 mm。选择复制（CO）命令，选择内部图案，右键确认后选择 ϕ50 mm圆的圆心作为基点，然后输入（@75，0），即可完成右侧图形的绘制，绘制后的图形如图4-12所示。

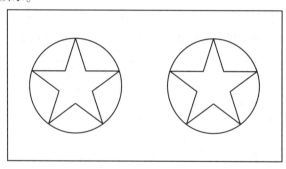

图4-12　移动并复制五角星

步骤5：填充五角星图标内部颜色，使用图案填充（H）命令，选择对应填充边界、填充效果（ANSI37）和比例完成五角星图标的颜色填充。采用同样的方法，对外部的图案进行填充，选择对应填充边界、填充效果（ANSI31）、角度和比例，完成后的效果如图4-13所示。

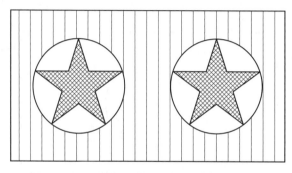

图4-13　对图标进行图案填充

任务二　蜗牛的绘制

步骤1：任意位置绘制 ϕ10 mm 圆，使用构造线（XL）命令在 ϕ10 mm 圆心处创建水平直线和垂直直线，向下和右偏移（O）直线，距离为 5 mm，绘制后的效果如图 4–14 所示。

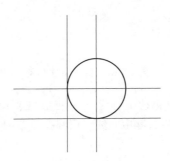

图 4–14　绘制圆和直线

步骤2：使用圆心起点角度的圆弧（A），圆心选择构造线相交的右下角点，起点为 ϕ10 mm 圆上端点，角度输入（–90），如图 4–15（a）所示；重复圆弧命令，圆心选择构造线相交的左下角点，起点为上一圆弧终点，角度输入（–90），如图 4–15（b）所示；重复圆弧命令，圆心选择构造线相交的左上角点，起点为上一圆弧终点，角度输入（–90），如图 4–15（c）所示；重复圆弧命令，圆心选择构造线相交的右上角点，起点为上一圆弧终点，角度输入（–90），如图 4–15（d）所示；重复圆弧命令，圆心选择构造线相交的右下上角点，起点为上一圆弧终点，角度输入（–90），如图 4–15（e）所示。重复绘制完成蜗牛壳圆弧，如图 4–15（f）所示。

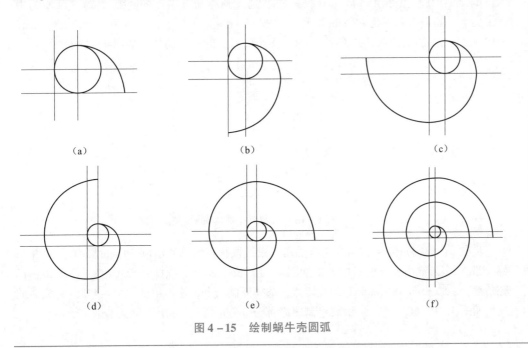

（a）　　　　　　　　　（b）　　　　　　　　　（c）

（d）　　　　　　　　　（e）　　　　　　　　　（f）

图 4–15　绘制蜗牛壳圆弧

步骤 3：用两点圆（C）绘制头部圆角，如图 4 – 16（a）所示，并用修剪（TR）和删除（E）命令去除多余线段，绘制后的效果如图 4 – 16（b）所示。

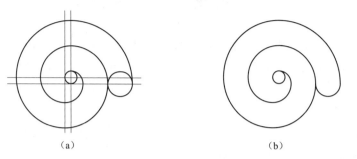

（a）　　　　　　　　　　　　（b）

图 4 – 16　绘制头部圆角

步骤 4：在空白处任意位置创建中心线，用直线（L）命令选择交点，分别输入角度"< –60"和"< –150"，创建角度中心线，用圆弧命令创建 R108 mm 的中心线，绘制后的效果如图 4 – 17 所示。

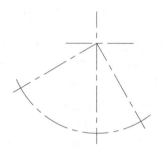

图 4 – 17　绘制中心线

步骤 5：在交点处绘制 R8 mm 圆（C），选择圆心起点端点的圆弧（A），圆心为中心线交点，起点为右下角 R8 mm 圆和 30° 中心线相交的上顶点，终点为左上角 R8 mm 和 60° 中心线相交的上顶点，并修剪（TR）多余线段，绘制后的效果如图 4 – 18 所示。

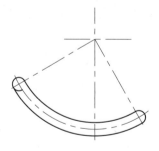

图 4 – 18　绘制蜗牛身体圆弧

步骤 6：根据角度绘制蜗牛左边触角，以线段顶点为圆心绘制 $\phi 4$ mm 圆（C），并修剪（TR）多余线段，完成后的效果如图 4 – 19（a）所示。选择旋转（RO）命令，选择触角部分，以头部 R8 mm 圆心为旋转点，选择复制命令，输入角度"< –40"，完成后的效果如图 4 – 19（b）所示。最后绘制眼睛部分 $\phi 4$ mm 圆，如图 4 – 19（c）所示。

 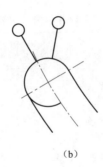 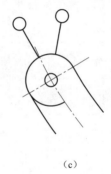

（a）　　　　　　　　（b）　　　　　　　　（c）

图 4 – 19　绘制蜗牛触角

步骤 7：选择移动（M）命令，移动对象为蜗牛壳，基点为蜗牛壳下顶点，移动到蜗牛身体上圆弧的下顶点，绘制后的效果如图 4 – 20（a）所示。用倒圆角命令，"修剪"选择不修剪，绘制 $R20$ mm 和 $R10$ mm 圆角，绘制后的效果如图 4 – 20（b）所示。

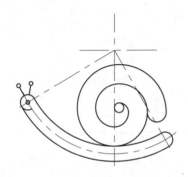 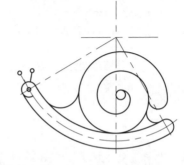

图 4 – 20　蜗牛效果图

项目评价

（1）五角星图标检测评价表见表 4 – 1。

表 4 – 1　五角星图标检测评价表

序号	考核要求	配分	自检	师检	得分
1	图层设置正确	10			
2	150 mm × 80 mm 长方形绘制正确	10			
3	五角星绘制正确，2 个	20 × 2			
4	五角星位置绘制正确	10			
5	图案填充正确，2 种填充方式	10 × 2			
6	图形绘制完整、无缺漏	10			
	合　计	100			

（2）蜗牛检测评价表见表 4 - 2。

表 4 - 2　蜗牛检测评价表

序号	考核要求	配分	自检	师检	得分
1	图层设置正确	10			
2	ϕ10 mm 圆绘制正确	10			
3	蜗牛壳中的圆弧绘制正确，10 条	4 × 10			
4	蜗牛身体的环形槽绘制正确	10			
5	蜗牛触角绘制正确，2 个	5 × 2			
6	R20 mm 圆弧绘制正确	5			
7	R10 mm 圆弧绘制正确	5			
8	图形绘制完整、无缺漏	10			
	合计	100			

项目小结

　　本项目通过五角星图标和蜗牛两个案例的学习，使我们掌握了图案填充命令的使用方法，同时了解了移动和复制命令在 CAD 绘图中的应用。本项目通过两个生活中常见案例的学习，使整个绘图过程添加了趣味性，为我们构思用 CAD 软件去绘制生活中其他的案例提供了一个很好的参考依据，所以学习好 CAD 软件，可以帮助我们将设计思路通过 CAD 软件用图形方式表达出来。熟练掌握 CAD 软件的基本功能和命令的方法，图形不论简单还是复杂，所用到的始终也就是那么几个基本命令，因此基本命令一定要非常熟练，那么在画图时才能快速地判断出什么时候该用什么命令，才能得心应手。

　　党的二十大报告提出，加快建设制造强国、质量强国。从国家层面推进先进制造业集群建设、推动高规格产业集群竞赛，必将加速各地制造业向高质量迈进，对建设制造强国、质量强国具有重要的实践意义。作为新时代的青年，我们要树立远大的理想，并为自己的理想努力奋斗，个人理想必须符合实际并符合国家理想，要为实现中国梦努力奋斗。我们要始终热爱党、热爱祖国、热爱人民，这是一条根本原则，只有真正做到这一点，才能够更好地担负起时代重任。

绘制如图 4－21 所示的平面图形。

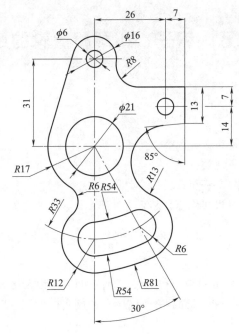

图 4－21　练习 1 图形

项目五　钩子、印章和槽轮的绘制

项目目标

（1）熟悉圆角、倒角和面域命令的使用方法；

（2）了解标注样式的设置；

（3）学会尺寸标注的方法和应用；

（4）理解布尔运算的相关概念，熟练运用并、差、交集运算对实体进行编辑；

（5）理解"敬业"的内涵。

工作任务

本项目将以图5-1所示的钩子和图5-2所示的印章以及图5-3所示的槽轮为例，对前面项目掌握的命令进一步巩固，并了解圆角和倒角的使用，以及掌握标注样式的设置和学会尺寸标注的应用。

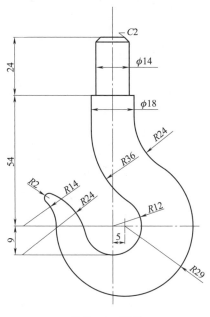

图5-1　钩子

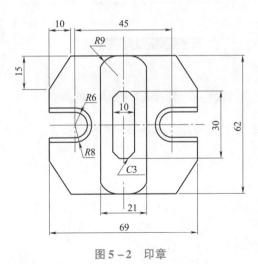

图 5-2 印章

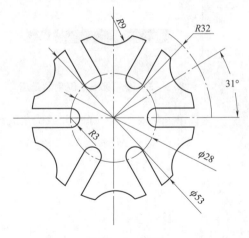

图 5-3 槽轮

知识链接

1. 倒角命令的使用

创建倒角的方式有以下四种：

（1）在命令行中用键盘输入"CHAMFER"，可缩写输入"CHA"。

（2）选择菜单栏的"修改 > 倒角"命令。

（3）单击"修改"工具条上"倒角"按钮 ⌐。

（4）在功能区"默认"选项卡的"修改"面板中单击"倒角"按钮 ⌐，如图 5-4 所示。

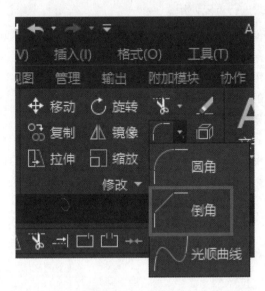

图 5-4　功能区中创建倒角的命令工具

选择倒角（CHA）命令 ⌐ 倒角 绘制倒角，选择距离指定第一个倒角的距离（见图 5-5），指定第二个倒角的距离（见图 5-6）。

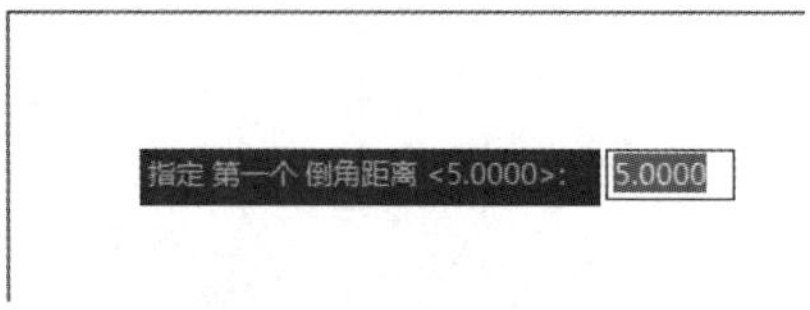

图 5 - 5 　输入第一个倒角的距离 　　　　　图 5 - 6 　输入第二个倒角的距离

选择第一条线和第二条线完成倒角的绘制，绘制好的倒角如图 5 - 7 所示。

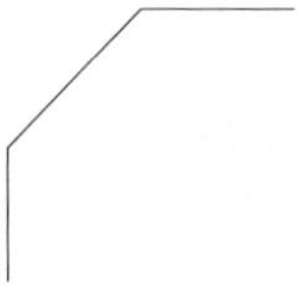

图 5 - 7 　完成倒角

此外，也可以通过设置第一条线的距离加角度绘制倒角，如图 5 - 8 所示。

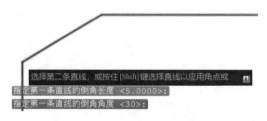

图 5 - 8 　设置距离加角度绘制倒角

当设置过一次倒角参数后，后面运用相同的倒角时我们可以直接使用倒角命令或选择倒角命令的修剪方式进行重复使用。

2. 圆角命令的使用

创建圆角的方式有以下四种：

（1）在命令行中用键盘输入"FILLET"。

（2）选择菜单栏的"修改 > 倒角"命令。

（3）单击"修改"工具条中"圆角"按钮 。

（4）在功能区"默认"选项卡的"修改"面板中单击"圆角"按钮 。

选择圆角命令 圆角 ，输入对应修改圆角大小，选择形成圆角的两条线段，圆角的绘制如图 5 - 9 所示。

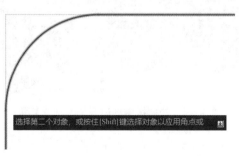

图 5 - 9 　圆角的绘制

3. 标注样式的设置

以 A4 图幅为例（图幅变大时相应可灵活变大文字箭头等），在格式菜单栏中找到文字样式，新建"文字样式1"，"字体"选择"gbeitc. shx"，"大字体"选择"gbcbig. shx"，"高度"为"5.0000"，"宽度因子"为"0.7070"，如图 5-10 所示。

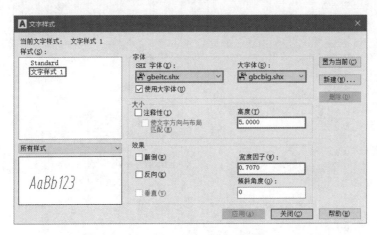

图 5-10　文字样式设置界面

在格式菜单栏中找到标注样式，新建"标注样式1"，标注样式设置如下：

（1）线：基线间距为"6"，超出尺寸线为"1"，起点偏移量为"0"，如图 5-11 所示。

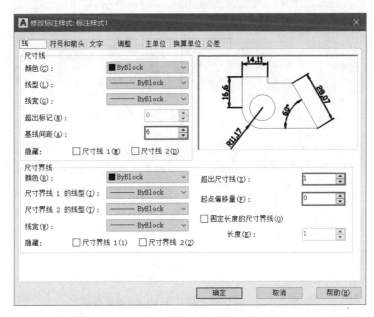

图 5-11　修改标注样式中线的设置界面

（2）符号和箭头：箭头大小为"2.5"；圆心标记为"直线"，大小为"1"，如图 5-12 所示。

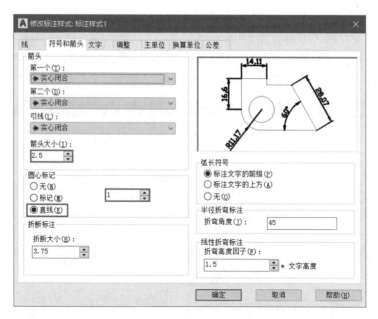

图 5 – 12　修改标注样式中符号和箭头的设置界面

（3）文字：使用文字样式中的"文字样式 1"，文字对齐为"ISO 标准"，文字位置中选择"垂直"为"上"，如图 5 – 13 所示。

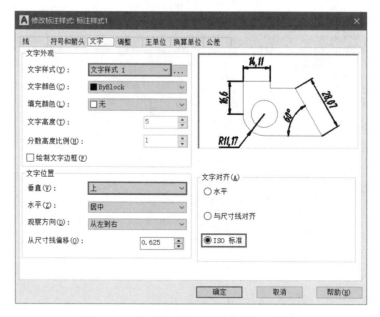

图 5 – 13　修改标注样式中文字的设置界面

（4）主单位：精度为"0.00"，小数分隔符为"'.'（句点）"，如图 5 – 14 所示。

（5）调整：使用全局比例因子可调整标注样式尺寸及文字的大小，使标注样式与图形更为协调，如标注后尺寸及箭头过小，则可调整"使用全局比例因子"大于 1，如图 5 – 15 所示。

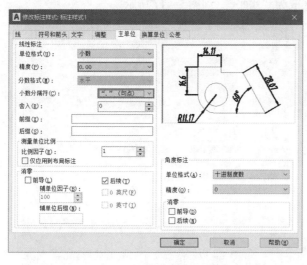

图 5 – 14　修改标注样式中主单位的设置界面

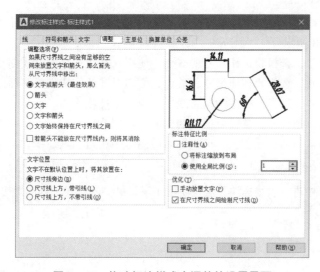

图 5 – 15　修改标注样式中调整的设置界面

新建副本标注样式，设置"用于"为"角度标注"，如图 5 – 16 所示。

图 5 – 16　新建副本标注样式界面

文字对齐方式改为"水平",如图 5 – 17 所示。

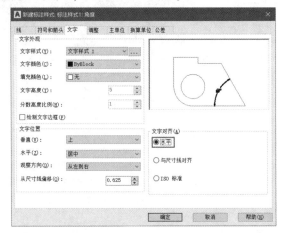

图 5 – 17 修改文字对齐方式界面

4. 尺寸标注的使用

尺寸标注主要有线性尺寸、对齐尺寸、对齐尺寸和半径与直径尺寸等标注,标注操作命令如图 5 – 18 所示。

(1) 线性尺寸,选择要标注尺寸的端点,使用水平或垂直的方式创建线性标注。

(2) 对齐尺寸,选择要标注尺寸的端点,使用对齐的方式创建线性标注。

(3) 对齐尺寸,选择要标注的两条线段创建角度标注。

(4) 半径与直径尺寸,选择要标注的圆或圆弧创建标注。

(5) 其他不常用的标注方式,可以在对应图纸中相对学习。

5. 引线标注的使用

想要在 CAD 中进行引线标注,需要使用注释菜单中的引线工具,操作界面如图 5 – 19 所示。

图 5 – 18 尺寸标注　　　　　图 5 – 19 引线标注

多重引线对象通常包含箭头、水平基线、引线或曲线和多行文字对象或块。

例如：使用快捷键"QLE"创建倒角的标注，创建完成之后可以移动尺寸线使得倒角标注规范，如图5-20所示。

图5-20 使用快捷键"QLE"创建倒角的标注

多重引线可创建为箭头优先、引线基线优先或内容优先。如果已使用多重引线样式，则可以从该指定样式创建多重引线，将显示以下提示：

引线箭头位置/第一个，指定多重引线对象箭头的位置；

引线基线位置/第一个，指定多重引线对象的基线的位置；

内容优先，指定与多重引线对象相关联的文字或块的位置。

6. 标注的修改方式

双击已创建的标注进行编辑，或使用快捷键"ED"也可对选择文字进行编辑，当文字成块无法编辑时可考虑分解后再编辑。

7. 面域命令的使用

所谓面域就是任意封闭的平面图形所围成的区域。面域可以是由多个点相连并封闭构成，也可以由多个自封闭的图形相交后构成。创建面域可以创建一个，也可以创建多个。面域的这个特点决定了其形状是千变万化的。

创建面域的方式有以下四种：

（1）在命令行中用键盘输入"REGION"。

（2）选择菜单栏的"绘图>面域"命令。

（3）单击"绘图"工具条上"面域"按钮 。

（4）在功能区"默认"选项卡的"绘图"面板中单击"面域"按钮 ，如图5-21所示。

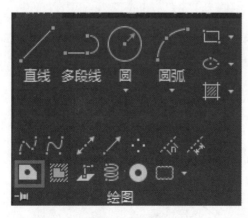

图5-21 功能区中创建面域的命令工具

启动面域命令后，AutoCAD会连续提示：选择对象。

用户将光标（拾取框）放在要定义成面域的对象上并单击，即可选中该对象。将所有的对象全部选中后回车，便完成了多个面域的创建，AutoCAD同时提示所创建面域的数量。

8. 布尔运算

完成创建面域后，绘图界面上没有任何变化，要最终生成所需的图形还需要经过布尔运算。布尔运算是数学上的集合运算，包括并集运算、差集运算和交集运算。

1）并集运算

并集运算是指将多个面域合并成为一个面域，即求出面域的和集。

启动并集运算命令有以下三种方法：

（1）在命令行中用键盘输入"UNION"。

（2）选择菜单栏的"修改＞实体编辑＞并集"命令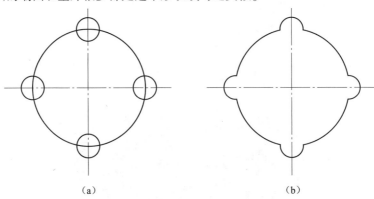。

（3）单击"实体编辑"工具条上"并集"按钮（"实体编辑"工具条一般是隐藏的，右键单击任意工具栏，在弹出的工具栏明细快捷菜单中选择"实体编辑"，即可将工具条调用出来，运算按钮如图5－22所示）。

并集运算按钮 | 交集运算按钮
差集运算按钮

图5－22 "实体编辑"工具栏中的并集、交集、差集运算按钮

启动并集运算命令之后，AutoCAD会提示：选择对象。

要求用户选择要合并的面域对象，完成选择后回车，AutoCAD将选择的面域对象合并为一个面域，同时结束并集运算命令。

图5－23所示为并集运算的前后比较，图中并集运算后的图形在机械图样中极为常见，管接头的端面和垫片很多都是这个形状或与之类似。

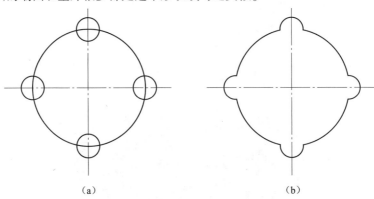

（a）   （b）

图5－23 并集运算前后的比较

（a）并集运算前；（b）并集运算后

此外，机械图样中常见的圆头长方体底面的形状也可以通过"并集"运算完成，如图5－24所示（也可以通过圆角命令绘制）。

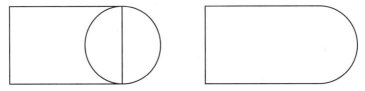

图5－24 利用并集运算生成圆头长方体底面图形

2）差集运算

差集运算是指从一部分面域中减去另一部分面域，即求出面域的差集。

启动差集运算的方式有以下三种方法：

（1）在命令行中用键盘输入"SUBTRACT"。

（2）选择菜单栏的"修改 > 实体编辑 > 差集"命令 ⬚。

（3）单击"实体编辑"工具条上"差集"按钮 ⬚。

启动差集运算命令之后，AutoCAD 提示：选择要从中减去的实体、曲面和面域。

要求用户选择要减去的面域，可以选择多个，选择完毕后回车，AutoCAD 自动生成由前面选择的面域减去后面选择的面域所形成的新面域，同时结束差集运算命令。

图 5–25 所示为差集运算的前后比较。

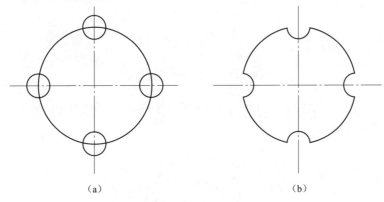

（a）　　　　　　　　　　　　　　（b）

图 5–25　差集运算的前后比较

（a）差集运算前；（b）差集运算后

3）交集运算

交集运算是指求出两个面域中的公共部分，即求出面域的公共集。

启动交集运算的方式有以下三种方法：

（1）在命令行中用键盘输入"INTERSECT"。

（2）选择菜单栏的"修改 > 实体编辑 > 交集"命令 ⬚。

（3）单击"实体编辑"工具条上"交集"按钮 ⬚。

启动交集运算命令之后，AutoCAD 提示：选择对象。

要求用户选择要进行交集运算的面域对象，选择完毕并回车后，AutoCAD 自动生成由所选择的面域的公共部分组成的新面域，同时结束交集运算命令。

图 5–26 所示为交集运算的前后比较。

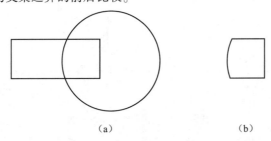

（a）　　　　　　　　　　　　　　（b）

图 5–26　交集运算的前后比较

（a）交集运算前；（b）交集运算后

项目实施

任务一　钩子的绘制

步骤 1：选择中心线层绘制中心线，切换粗实线层选择圆命令绘制中心半径为 $R12$ mm 的圆，绘制后的效果如图 5 – 27 所示。

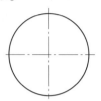

图 5 – 27　绘制 $R12$ mm 的圆

步骤 2：绘制外部 $R29$ mm 的外圆（注意它的圆心点需要向右边偏置 5 mm），绘制后的效果如图 5 – 28 所示。

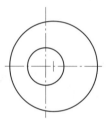

图 5 – 28　绘制 $R29$ mm 的圆

步骤 3：绘制钩头部分 $R24$ mm 圆，我们需要向下偏置水平中心线 9 mm，如图 5 – 29（a）所示；因为钩头 $R24$ mm 圆和内圆 $R12$ mm 相切，在内圆 $R12$ mm 的圆心点绘制一个 $R36$ mm 的辅助圆（两个圆弧半径相加得出），如图 5 – 29（b）所示，绘制的辅助圆与之前偏置的中心线会形成一个交点，这个交点就是 $R24$ mm 的圆心，绘制 $R24$ mm 的圆，如图 5 – 29（c）所示；删除绘制 $R24$ mm 圆心的辅助线，绘制后的效果如图 5 – 29（d）所示。

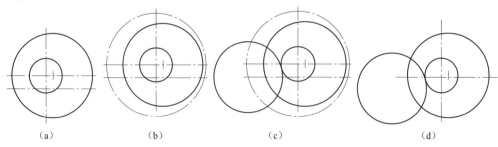

（a）　　　　　（b）　　　　　（c）　　　　　（d）

图 5 – 29　绘制 $R24$ mm 的圆

步骤 4：绘制钩头部分 $R14$ mm 的圆弧，与前面同理，$R14$ mm 圆心在水平中心线上，与 $R29$ mm 外圆相切，在 $R29$ mm 圆心点绘制 $R43$ mm 的辅助圆，如图 5 – 30（a）所示；

R43 mm 圆和水平中心线的交点即为 R14 mm 的圆心，绘制 R14 mm 圆，如图 5 – 30（b）所示；删除 R43 mm 辅助圆并修剪多余部分，绘制后的效果如图 5 – 30（c）所示。

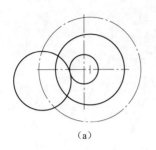 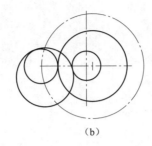 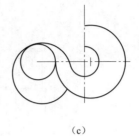

（a）　　　　　　　　　　（b）　　　　　　　　　（c）

图 5 – 30　绘制 R14 mm 的圆

步骤 5：使用倒圆角命令输入 R2 mm，选择 R14 mm 和 R24 mm 的圆，绘制后的效果如图 5 – 31 所示。

步骤 6：使用直线命令，在空白处按住【Shift】键右击鼠标，调出菜单栏选择"自（F）"，选择 R12 mm 圆心点为偏移基点，输入@（0,78），依次连续向右绘制一条直线 7 mm，向下绘制一条直线 24 mm，向右绘制一条直线 2 mm，向下绘制任意长度直线，绘制后的效果如图 5 – 32 所示。

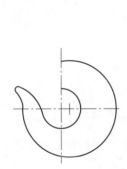 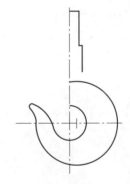

图 5 – 31　绘制 R2 mm 的圆角　　　图 5 – 32　绘制钩子右上部分

步骤 7：使用同样的步骤绘制左半边钩头部分，如图 5 – 33（a）所示；使用倒角命令，在钩子头部进行倒角，倒角距离为 2 mm，如图 5 – 33（b）所示；用直线连接倒角线和台阶线，如图 5 – 33（c）所示。

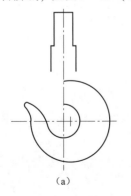 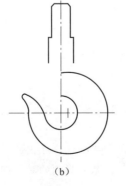 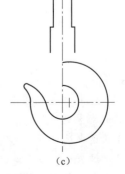

（a）　　　　　　　　　　（b）　　　　　　　　　（c）

图 5 – 33　绘制钩子上部图形

步骤8：使用倒圆角命令绘制 R24 mm 和 R36 mm 圆角，绘制后的效果如图5-34所示。

步骤9：使用半径标注尺寸，标注后的效果如图5-35所示。

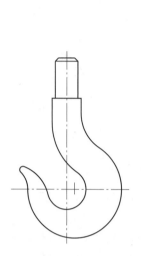

图5-34　绘制 R24 mm 和 R36 mm 圆角

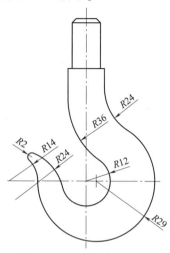

图5-35　标注后的钩子图形

　　步骤10：使用线性标注和引出标注标注尺寸（双击修改标注，输入"％％C"自动转换为φ），绘制后的效果如图5-36所示。

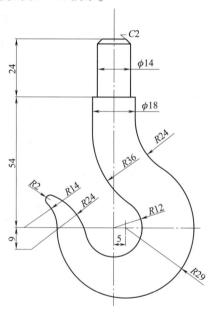

图5-36　修改标注后的钩子图形

提示：

（1）鼠标的常规操作：中间滚轮按下时可以平移，滚动时可以进行缩放。

（2）对象的选择：

①正过来选（窗口选择方式），需要包含在内的对象才会被选中。

②反过来选（窗交选择方式），只要碰到的对象即可被选中。

③单击选中需要选择的对象。

任务二　印章的绘制

步骤1：绘制中心线，用直线命令绘制左上角直线部分，右键菜单选择"自（F）"，捕捉中心交点，输入（@0,31），通过极轴向左绘制直线长度为34.5 mm，输入"34.5"后绘制的直线如图5-37（a）所示，向下输入"31"后绘制的直线如图5-37（b）。

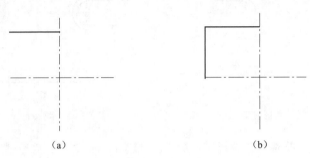

（a）　　　　　　　　　　　　　　（b）

图5-37　绘制两条直线

步骤2：选择倒角命令，选择距离，一边距离为"10"，一边为"15"，依次选择要倒角的对应边，绘制后的倒角如图5-38所示。

步骤3：使用偏移命令，偏移水平中心线向上6 mm，垂直中心线向左16.5 mm，修改图层并修剪，绘制后的图形如图5-39所示。

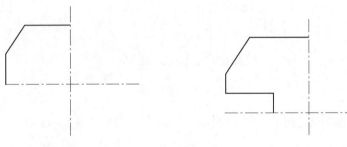

图5-38　绘制倒角　　　　　　图5-39　运用偏移和修剪命令绘制图形

步骤4：使用倒圆角命令，半径为6 mm，绘制后的图形如图5-40所示。使用偏移命令，向外偏移线段，距离为2 mm（8 mm-6 mm得出），绘制后的图形如图5-41所示。

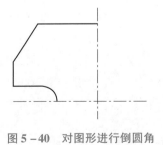

图5-40　对图形进行倒圆角　　　　　图5-41　偏移图形

步骤5：使用镜像命令，对图形以竖直中心线为镜像线进行左右镜像，镜像后的图形如图5－42所示，然后选择图形，以水平中心线为镜像线进行上下镜像，镜像后的图形如图5－43所示。

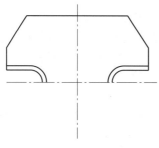

图5－42　对图形左右镜像　　　　　　　　图5－43　对图形上下镜像

步骤6：使用矩形命令，选择圆角命令，创建$R9$ mm圆角，再通过"@"寻找两个对角点，重复步骤创建带倒角的小矩形，如图5－44所示。

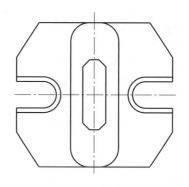

图5－44　创建矩形

步骤7：根据图纸进行对应尺寸的标注，标注后的图形如图5－45所示。

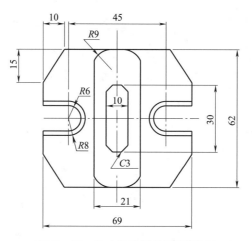

图5－45　尺寸标注后的印章图形

任务三 槽轮的绘制

步骤1：选择中心线层，使用直线和圆命令绘制中心线，绘制后的效果如图5-46所示。

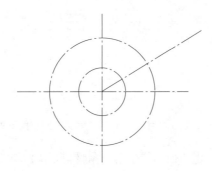

图5-46　绘制半径为 *R*25 mm 和 *R*5 mm 的圆

步骤2：使用直线命令和圆命令，创建对应图形（U形槽超过大圆即可）。选择面域命令 ⬛ 分别生成对应面域，如图5-47所示。

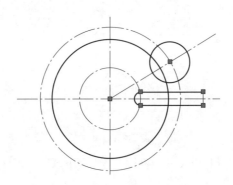

图5-47　使用面域命令中"并集"功能完成图形的绘制

步骤3：阵列对应面域（阵列时取消关联选项），阵列后的效果如图5-48所示。

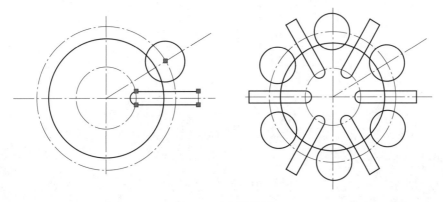

图5-48　图形阵列

步骤 4：选择差集 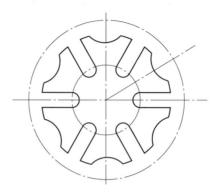 差集(S)，大圆为被减面，框选其他面域为要减去的面，效果如图 5 – 49 所示。

图 5 – 49 使用面域命令中的差集功能完成图形的绘制

步骤 5：使用打断命令并拖动线段端点调整中心线，如图 5 – 50 所示。

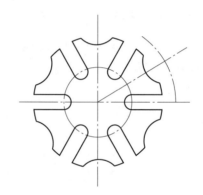

图 5 – 50 修改后图形

步骤 6：根据图纸进行对应尺寸的标注，标注后的图形如图 5 – 51 所示。

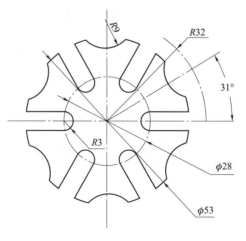

图 5 – 51 尺寸标注后图形

项目评价

（1）钩子检测评价表见表 5 - 1。

表 5 - 1　钩子检测评价表

序号	考核要求	配分	自检	师检	得分
1	图层设置正确	10			
2	图形绘制正确，每错一处扣 5 分	40			
3	尺寸标注正确，每错一处扣 5 分	40			
4	图形绘制完整、无缺漏，是否敬业	10			
	合计	100			

（2）印章检测评价表见表 5 - 2。

表 5 - 2　印章 检测评价表

序号	考核要求	配分	自检	师检	得分
1	图层设置正确	10			
2	图形绘制正确，每错一处扣 5 分	40			
3	尺寸标注正确，每错一处扣 5 分	40			
4	图形绘制完整、无缺漏，是否敬业	10			
	合计	100			

（3）槽轮检测评价表见表 5 - 3。

表 5 - 3　槽轮检测评价表

序号	考核要求	配分	自检	师检	得分
1	图层设置正确	10			
2	图形绘制正确，每错一处扣 5 分	40			
3	尺寸标注正确，每错一处扣 5 分	40			
4	图形绘制完整、无缺漏，是否敬业	10			
	合计	100			

项目小结

　　通过本项目中钩子、印章和槽轮的学习，熟悉和掌握了倒角、圆角和面域的使用方法，尤其是掌握了如何进行尺寸标注，包括如何进行标注样式的设置和各种尺寸的标注方法。标注时为了快捷及美观，可采用基线、连续标注的方法，针对大量轴类零件的大量直径标注，为了节省时间，可专门设置新的标注样式，新标注样式前缀加入"ϕ"。尺寸标注是一个细致的操作过程，在标注时可以依次从左到右，也可以先标大尺寸再标小尺寸的方式，循序渐进地去标注，以免缺标或者漏标。标注完成后要检查，做到细致严谨。

　　实现中华民族伟大复兴中国梦需要"一起来想、一起来干"。二十大报告指出要坚定文化自信，做中国传统文化的传承人。我们每个人都是中国特色社会主义的建设者，所谓天下兴亡匹夫有责，爱党、爱国落实到最实际的行动中，就是干一行、爱一行，坚守职业道德、讲求职业操守，兢兢业业、勇于创新，在各自的工作岗位上，为民族复兴大业贡献一己之力。

拓展训练

（1）绘制如图 5－52 所示图形，并标注尺寸。

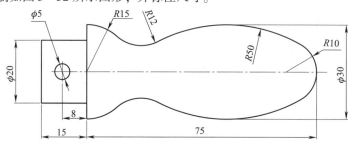

图 5－52　练习 1 图形

（2）运用面域命令，绘制如图 5－53 所示图形，并标注尺寸。

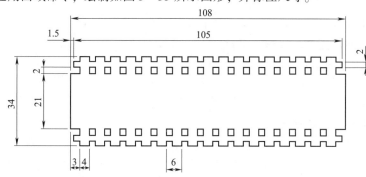

图 5－53　练习 2 图形

（3）运用面域命令，绘制如图 5－54 所示图形，并标注尺寸。

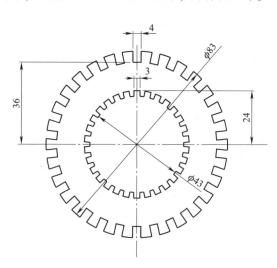

图 5－54　练习 3 图形

项目六　轴套类零件的绘制

项目目标

（1）掌握修剪、移动、延伸、镜像、分解等图形编辑命令的使用；

（2）掌握创建块、插入块及文字输入；

（3）掌握绘制形位公差基准符号及形位公差的输入；

（4）掌握剖视图、断面图及局部放大图的分析和画法；

（5）能熟练运用绘图工具绘制复杂图形和尺寸标注；

（6）理解零件表面质量，树立成本意识；

（7）掌握国家标准，形成遵纪守法的习惯和法治思维。

工作任务

通过前面五个项目的学习，我们已经基本掌握了日常生活图形的基础绘制技能及尺寸标注方法，从本项目开始，我们将通过绘制机械零件，使大家精通 CAD 的绘图操作。

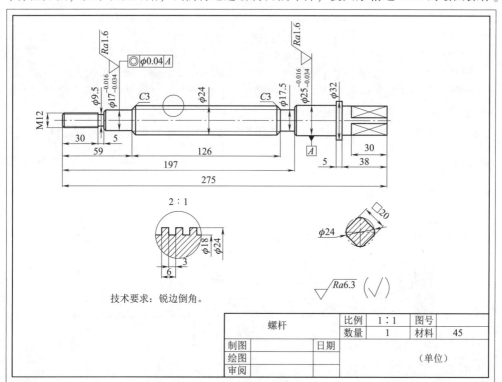

图 6 - 1　螺杆的零件图

以图 6 – 1 所示的螺杆零件和图 6 – 2 所示的螺钉零件为例,在巩固已学绘图、编辑命令的基础上,进一步了解延伸、镜像、分解等修改工具的使用,同时掌握块的应用,以及尺寸公差、形位公差和技术要求的创建。

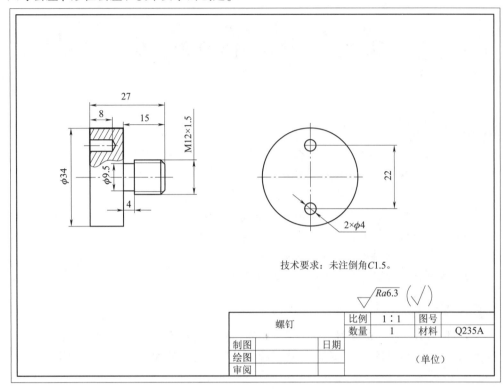

技术要求:未注倒角C1.5。

螺钉		比例	1:1	图号	
		数量	1	材料	Q235A
制图		日期			
绘图				(单位)	
审阅					

图 6 – 2　螺钉的零件图

机械轴类零件一般用一个主视图和几个辅助视图(如剖面、局部放大图等)来表达形状和结构,而主视图一般上下对称或近似对称。因此,绘制轴类零件的主视图可以先绘出主视图的上半部分,再利用镜像命令生成对称的镜像图形。

本项目将根据绘制图 6 – 1 和图 6 – 2 所示零件,来掌握绘制轴类零件的方法。

知识链接

1. 形位公差和基准的创建

1)形位公差的创建方式

在命令行中用键盘输入"QLEADER",或输入快捷命令"QLE",如图 6 – 3 所示。

指定下一点: *取消*
命令: QLEADER
QLEADER 指定第一个引线点或 [设置(S)] <设置>:

图 6 – 3　创建引线和注释

单击"设置 (S)",选择"公差"选项,如图 6 – 4 所示。

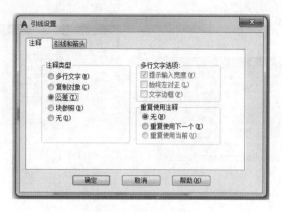

图 6 – 4　引线的设置

确定后第一点找到要标注形位公差的位置，第二点摆正引出箭头，第三点确认公差摆放位置，跳出公差对话框，在框内选择公差输出的具体数值，如图 6 – 5 所示。

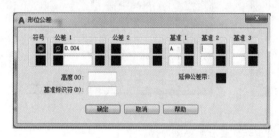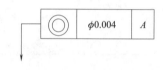

图 6 – 5　形位公差的设置及结果

2）形位公差基准的创建

可通过多重引线标注来实现，具体操作步骤如下：

（1）创建一个新的多重引线样式。

在命令行中用键盘输入"MLEADERSTYLE"，或输入快捷命令"MLS"，或选择菜单栏的"格式 > 多重引线样式"命令。

单击如图 6 – 6（a）所示"新建"按钮，得到"创建新多重引线样式"对话框，如图 6 – 6（b）所示，在"新样式名"文本框中输入"横纵向基准符号"，再单击"继续"按钮。

（a）

图 6 – 6　创建新多重引线样式

（b）

（c）

（d） （e）

图 6-6 创建新多重引线样式（续）

在图 6-6（c）所示"引线格式"选项卡的"箭头"选项中选择"实心基准三角形"；"引线结构"选项卡"基线设置"中取消"自动包含基线"，如图 6-6（d）所示。

在图 6-6（e）所示"内容"选项卡中选择"文字加框"，"引线连接"中可根据需要选"水平或垂直连接"，然后单击"确定"按钮。

（2）使用多重引线生成基准符号，有以下三种方式：

①在命令行中用键盘输入"MLEADER"，或输入快捷命令"MLD"。

②选择菜单栏的"标注 > 多重引线"命令。

③在功能区"默认"选项卡上"注释"面板中单击"引线"按钮 ，单击需要创建基准处即可生成基准符号，如图 6-7 所示。

图 6-7 基准符号生成图

2. 标注文字命令的使用

标注文字分为单行文字与多行文字命令，输入方法如下：

（1）在功能区"默认"选项卡的"注释"面板中单击"文字"按钮 A 的下拉菜单，选择"单行"或"多行"，如图 6-8 所示。

图6-8 标注文字的命令界面

（2）在命令行中用键盘输入"DTEXT"，可输入快捷命令"DT"，表示单行；在命令行中用键盘输入"MTEXT"，可输入快捷命令"MT"，表示多行。

（3）选择菜单栏的"绘图 > 文字"命令。

输入文字后可以编辑对应文字大小、字体样式、对正及行距等，如图6-9所示。

图6-9 文字输入界面

提示：若已输入的文字需要修改，则可通过双击文字或输入"ed"命令进行修改。

3. 创建块和插入块

块是图形对象的集合，通常用于绘制复杂、重复的图形，一旦将一组对象组合成块，就可以根据绘图需要将其插入到图中的任意指定位置，而且还可以按不同的比例和旋转角度插入。

块具有提高绘图速度、节省存储空间及便于修改图形等特点。

1）创建块（定义块）

将选定的对象定义成块，创建的方式如下：

（1）在命令行中用键盘输入"BLOCK"，或输入快捷命令"B"。

（2）选择菜单栏的"绘图 > 块 > 创建"命令。

（3）在功能区"默认"选项卡的"块"面板中单击"创建"按钮，如图6-10所示，弹出"块定义"对话框，如图6-11所示。

图6-10 创建块命令界面

图 6-11　块定义编辑界面

选项说明：

◆ "基点" 选项组：确定图块的基点，默认值是（0，0，0），也可以在下面的 "X" "Y" "Z" 文本框中输入块的基点坐标值。单击 "拾取点" 按钮，系统临时切换到绘图区，在绘图区选择一点后，返回 "块定义" 对话框中，把选择的点作为图块的放置基点。

◆ "对象" 选项组：用于选择制作图块的对象，以及设置图块对象的相关属性。

◆ "设置" 选项组：指定从 AutoCAD 设计中心拖动图块时用于测量图块的单位，以及缩放、分解和超链接等设置。

◆ "在块编辑器中打开" 复选框：勾选此复选框，可以在块定义中定义动态块。

◆ "方式" 选项组：指定块的行为。"注释性" 复选框，指定在图纸空间中块参照的方向与布局方向匹配；"按统一比例缩放" 复选框，指定是否阻止块参照不按统一比例缩放；"允许分解" 复选框，指定块参照是否可以被分解。

下面我们来创建 "粗糙度" 的块：

步骤1：在对应文件空白处绘制一个粗糙度符号，并在对应区域插入填写文字，如图 6-12 所示。

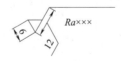

图 6-12　新建粗糙度样式

步骤2：

（1）输入命令 "B"。

（2）名称：输入 "粗糙度"；基点：选择绘制的粗糙度符号三角形下端点；对象：选择绘制的粗糙度图案。

（3）单击 "确定" 按钮。

2）插入块

为当前图形插入块或图形，输入的方式如下：

（1）在命令行中用键盘输入 "INSERT"，快捷命令为 "I"。

（2）在功能区 "默认" 选项卡的 "块" 面板中单击 "插入" 按钮，如图 1-13

所示，弹出块选项板，如图 6 – 14 所示。

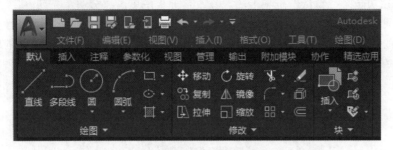

图 6 – 13　插入块命令界面

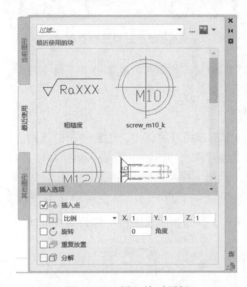

图 6 – 14　插入块对话框

选项说明：

◆预览区域：显示基于当前选项卡可用块的预览或列表。

◆当前图形：显示当前图形中可用于块定义的预览或列表。

◆最近使用：显示当前和上一个任务中最近插入或创建的块定义的预览或列表，这些块可能来自各种图形。

◆其他图形：显示从单个指定图形中插入的块定义的预览或列表。

◆插入点：指定块的插入点。

◆比例：指定插入块的缩放比例。

◆旋转：在当前 UCS 中指定插入块的选择角度。

◆分解：控制块在插入时是否自动分解为其部件对象。

◆重复放置：控制是否自动重复块插入。

提示：块的应用，只能在当前创建块的文件中。如果需要跨文件应用块，则需要将块进行保存，然后再进行插入块的应用。

4. 分解命令的使用

分解命令作用是将单一对象进行分解，分解命令有以下三种使用方式：

（1）在命令行中用键盘输入"EXPLODE"，或输入快捷命令"X"。

（2）选择菜单栏的"修改 > 分解"命令。

（3）在功能区"默认"选项卡的"修改"面板中单击"分解"按钮 ⬚ 。

选择我们需要分解的组合图形或者块，把它们连接的线段、特征以及特性分解开来成为单一的线段或特征，如图 6 – 15 所示（通过控制点我们可以看出来一体的四边形被爆炸成四条直线段）。

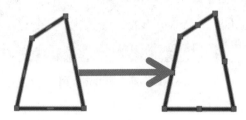

图 6 – 15　分解图形界面

提示：对于矩形、多段线、正多边形、块等由多个对象所组成的组合对象，如果需要对单个成员进行编辑，就需要先将其分解开。

5. 样条曲线的使用

样条曲线一般用于局部剖或断开物体中，创建样条曲线的方式有以下三种：

（1）在命令行中用键盘输入"spLine"，或输入快捷命令"spL"。

（2）选择菜单栏的"绘图 > 样条曲线"命令。

（3）在功能区"默认"选项卡的"绘图"面板中单击"样条曲线"按钮 ，选择对应样条曲线绘制模式，调整控制点来改变样条曲线的轨迹，如图 6 – 16 所示。

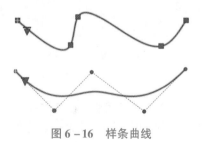

图 6 – 16　样条曲线

项目实施

任务一　螺杆的绘制

步骤 1：打开图 6 – 1 所示螺杆图框 DWG 文件（已设置好图层和标注样式等），打开对象捕捉、极轴追踪及自动追踪功能，设定自动捕捉类型为端点、圆心及交点等，如图 6 – 17 所示。

步骤 2：选择中心线图层，并用直线（L）命令绘制一条中心线；选择粗实线图层，并用直线（L）命令从螺杆左端开始绘制，如图 6 – 18 所示。

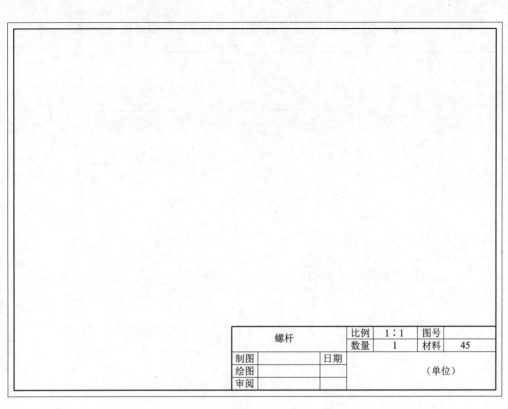

螺杆		比例	1:1	图号	
		数量	1	材料	45
制图		日期		（单位）	
绘图					
审阅					

图 6-17　调入螺杆零件图图框

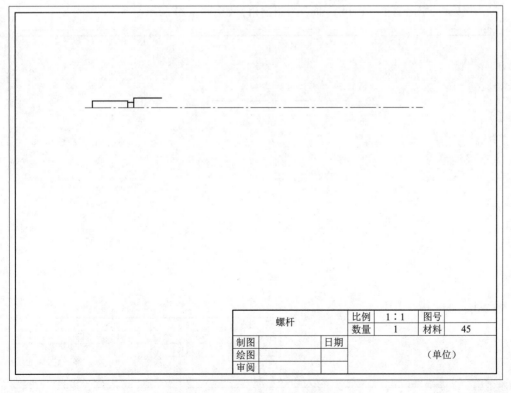

螺杆		比例	1:1	图号	
		数量	1	材料	45
制图		日期		（单位）	
绘图					
审阅					

图 6-18　绘制中心线及轮廓线

步骤3：继续使用直线（L）命令绘制螺杆上半轴部分，如图6-19所示。

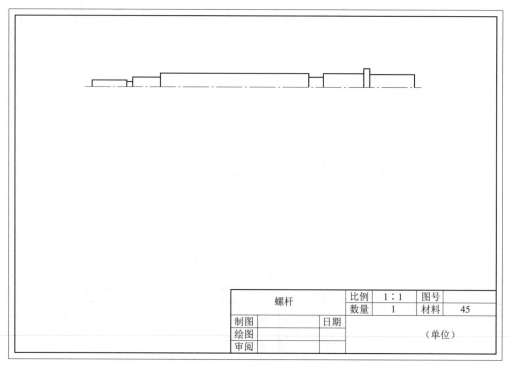

螺杆		比例	1：1	图号	
		数量	1	材料	45
制图		日期			
绘图				（单位）	
审阅					

图6-19　绘制螺杆上半轴部分

步骤4：使用倒角（CHA）命令绘制倒角，如图6-20所示。

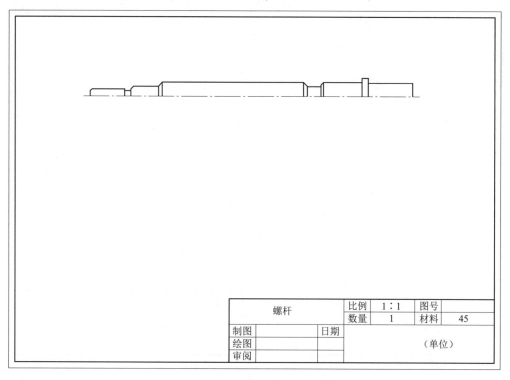

螺杆		比例	1：1	图号	
		数量	1	材料	45
制图		日期			
绘图				（单位）	
审阅					

图6-20　绘制螺杆倒角

步骤5：使用直线（L）命令绘制倒角线和螺纹线，并把内螺纹线添加到细实线层，如图6-21所示。

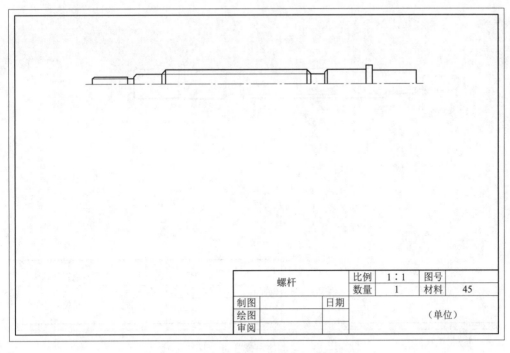

螺杆		比例	1∶1	图号	
		数量	1	材料	45
制图		日期			
绘图			（单位）		
审阅					

图6-21　绘制螺杆倒角线和螺纹线

步骤6：使用镜像（MI）命令，上半轴为对象，以水平中心线为镜像中心线，如图6-22所示。

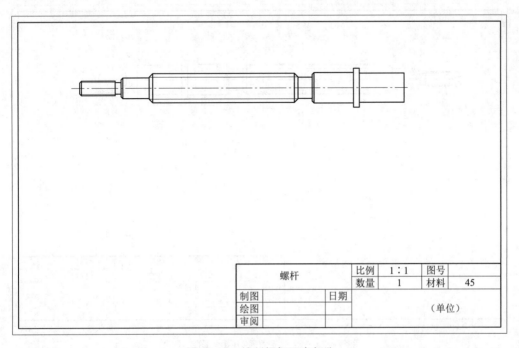

螺杆		比例	1∶1	图号	
		数量	1	材料	45
制图		日期			
绘图			（单位）		
审阅					

图6-22　绘制螺杆下半部分

步骤 7：在主视图右侧绘制断面图，用直线（L）命令对齐主视图中心线绘制十字中心线，如图 6-23 所示。

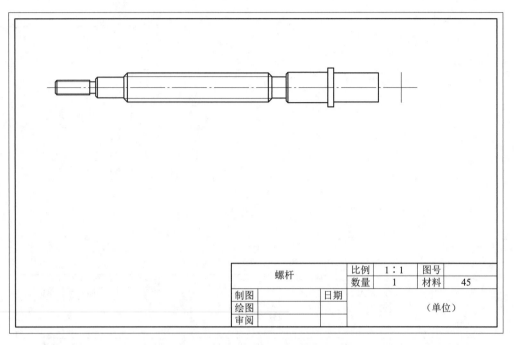

螺杆		比例	1：1	图号	
		数量	1	材料	45
制图		日期			
绘图				（单位）	
审阅					

图 6-23　绘制螺杆移出断面图中心线

步骤 8：根据尺寸用圆（C）命令绘制断面图外圆，再用偏移（O）命令按照图示尺寸偏移，选中偏移线段图层并将其修改为粗实线图层，如图 6-24 所示。

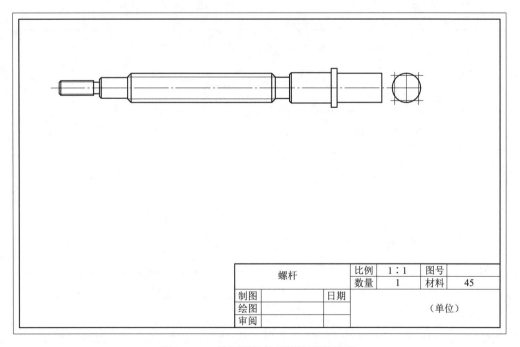

螺杆		比例	1：1	图号	
		数量	1	材料	45
制图		日期			
绘图				（单位）	
审阅					

图 6-24　绘制螺杆移出断面图轮廓线

步骤9：使用修剪（TR）和旋转（RO）命令，并用双点画线图层添加假想圆，结果如图6-25所示。

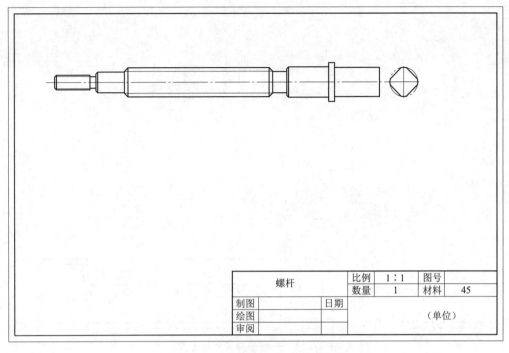

螺杆		比例	1∶1	图号	
		数量	1	材料	45
制图		日期			
绘图				（单位）	
审阅					

图6-25 修剪螺杆移出断面图轮廓线

步骤10：用直线（L）命令绘制主视图右端相贯线，结果如图6-26所示。

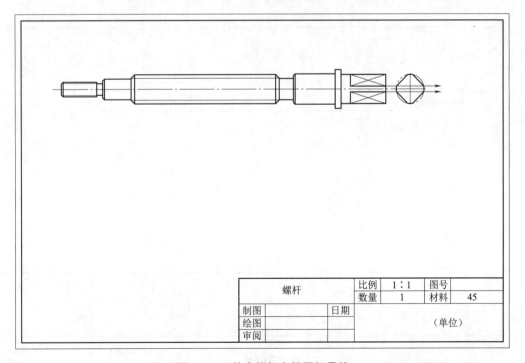

螺杆		比例	1∶1	图号	
		数量	1	材料	45
制图		日期			
绘图				（单位）	
审阅					

图6-26 补全螺杆主视图相贯线

步骤 11：使用圆（C）和直线（L）命令绘制局部放大图，并将圆添加到细实线层，如图 6 – 27 所示。

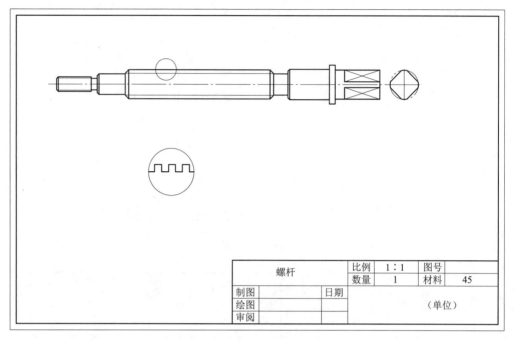

螺杆		比例	1：1	图号	
		数量	1	材料	45
制图		日期			
绘图				（单位）	
审阅					

图 6 – 27　绘制螺杆局部放大图

步骤 12：使用移动（M）命令移动断面图到对应位置，并用图案填充（H）命令填充局部放大图和断面图（根据疏密自由调整），如图 6 – 28 所示。

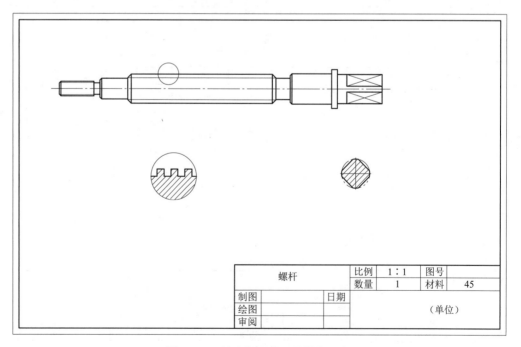

螺杆		比例	1：1	图号	
		数量	1	材料	45
制图		日期			
绘图				（单位）	
审阅					

图 6 – 28　填充剖面线及编辑断面图

步骤13：将 GB 置为当前标注样式，选择尺寸线层，用线性尺寸和直径尺寸命令创建标注，如图 6-29 所示。

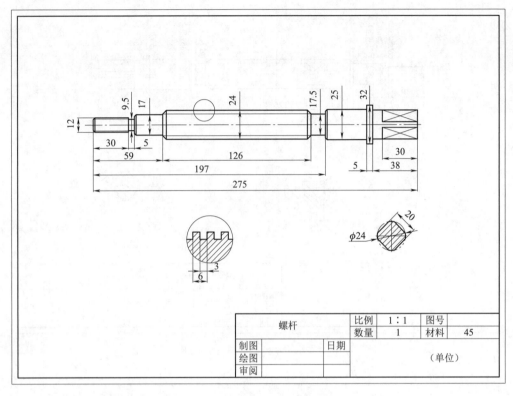

螺杆		比例	1:1	图号	
		数量	1	材料	45
制图		日期			
绘图				（单位）	
审阅					

图 6-29　标注尺寸

步骤14：双击修改对应标注，添加直径符号 ϕ（输入"%%C"）和螺纹符号 M，等等。如有上下偏差的尺寸可使用"堆叠"按钮，例如：尺寸 $\phi17^{-0.016}_{-0.034}$，可输入" ϕ17 - 0.016^ - 0.034"，然后选中" - 0.016^ - 0.034"，单击"堆叠"按钮 $\boxed{\frac{b}{a}}$，结果如图 6-30 所示。

步骤15：标注局部放大图直径尺寸，可先标注线性尺寸，然后选择分解（X）命令并删除不需要的尺寸箭头，修改后如图 6-31 所示。

步骤16：可采用引线命令进行倒角标注，再选择分解（X）命令对尺寸进行解体，移动文字到水平线上面；按知识链接的方法标注形位公差和创建基准符号，如图 6-32 所示。

步骤17：选择插入块（I）命令插入"粗糙度"块并编辑［通过分解（X）命令进行分解，并按需进行编辑］，通过创建多行文字（T）命令填写技术要求和局部放大比例字样，如图 6-33 所示。

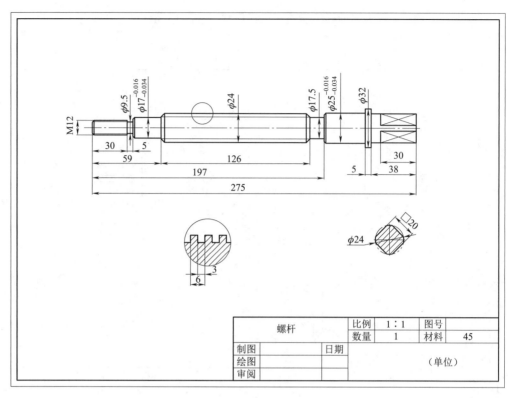

图 6 – 30　标注公差及尺寸修改

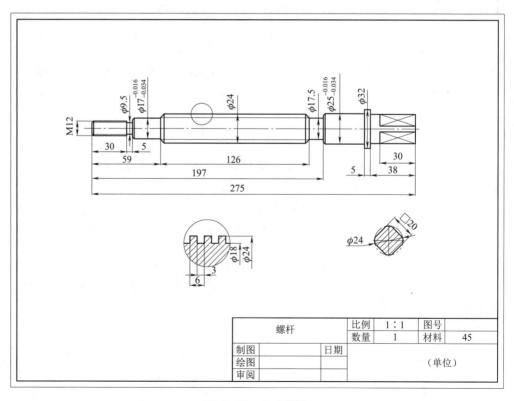

图 6 – 31　尺寸编辑

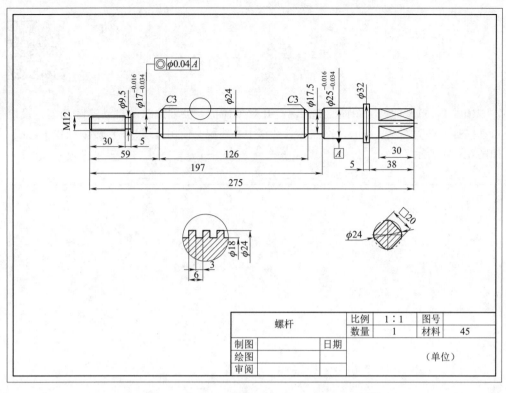

图 6－32　倒角及形位公差的标注、基准符号的绘制

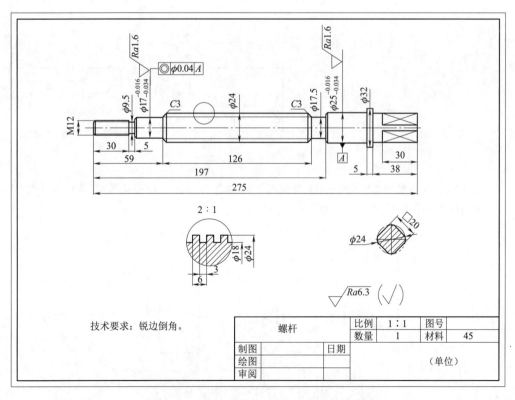

技术要求：锐边倒角。

图 6－33　表面粗糙度的调入及修改、编辑

任务二 螺钉的绘制

步骤1：打开螺钉–图框源文件，打开对象捕捉、极轴追踪及自动追踪功能，设定自动捕捉类型为端点、圆心及交点等，选择中心线层，使用直线（L）命令创建中心线，如图6–34所示。

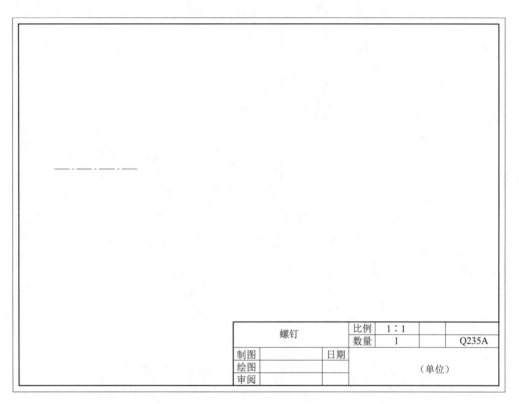

螺钉	比例	1：1	
	数量	1	Q235A
制图		日期	
绘图			（单位）
审阅			

图6–34 调入图框

步骤2：用直线（L）命令创建主视图上半轴部分，灵活切换粗实线层和细实线层（后续讲解省略图框的显示），如图6–35所示。

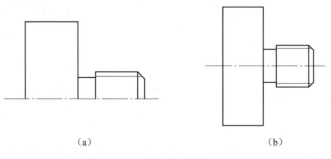

（a）　　　　　　　　　　　（b）

图6–35 螺钉外轮廓的绘制

步骤3：使用镜像（MI）命令，以水平中心线为镜像中心线镜像上半部分，如图6-35所示。

步骤4：选择细实线层，单击"样条曲线" 〜 按钮创建样条曲线（SPL），并修剪，再选择中心线层添加局部剖处孔的中心线，如图6-36所示。

步骤5：使用直线（L）命令绘制局部剖内孔，并用图案填充（H）命令填充剖切部分（剖面线应为细实线层），如图6-37所示。

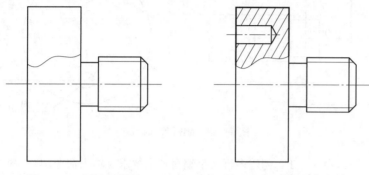

图6-36　螺钉局部剖　　　　　　　图6-37　螺钉局部剖填充

步骤6：对准主视图中心线，选择中心线层，在右处创建左视图中心线，如图6-38所示。

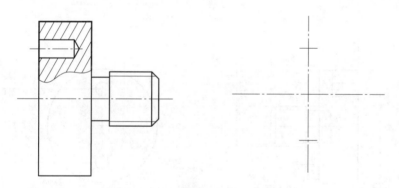

图6-38　螺钉左视图中心线绘制

步骤7：选择粗实线层，用圆（C）命令绘制左视图，如图6-39所示。

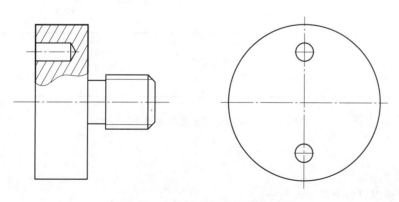

图6-39　螺钉左视图轮廓线的绘制

步骤8：选择尺寸线层，标注线性尺寸和直径尺寸，并通过修改尺寸添加"φ"等文字，如图6-40所示。

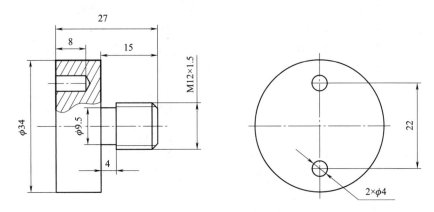

图6-40　螺钉尺寸标注

步骤9：输入命令"T"创建多行文字编写技术要求，输入命令"I"插入粗糙度块并分解、修改粗糙度数值，如图6-41所示。

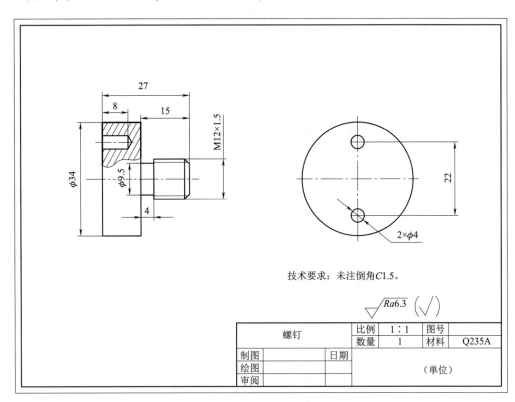

图6-41　螺钉粗糙度及技术要求的绘制

项目评价

螺杆或螺钉检测评价表见表6-1。

表 6-1　螺杆或螺钉检测评价表

序号	考核要求	配分	自检	师检	得分
1	图层设置正确，每处错误扣 2 分	10			
2	根据机械制图的国家标准，正确设置零件图的文本样式和尺寸样式，包括单位、精度等	10			
3	正确抄画完成零件图的绘制，每处错误扣 3 分，扣完为止	30			
4	图案填充正确	5			
5	完整标注零件图的尺寸、公差和形位公差、技术要求，每处错误扣 2 分，扣完为止	25			
6	图形布局规范、合理	10			
7	是否具有表面质量、成本意识及标注了表面粗糙度	5			
8	是否遵守国家标准选择了正确的零件图图框，并填写姓名到标题栏中的适当位置	5			
	合计	100			

项目小结

　　轴及套筒类零件的主要作用是支承传动零件并传递动力，同时具有连接及辅助定位的功能，应用广泛，是众多制造业中相当重要的结构件。

　　轴类零件的主视图一般分为上下对称的图形，因此在绘图时可以先绘制图形的上半部分，再用镜像命令绘制另一部分，从而加快绘图速度。

　　键槽、退刀槽、中心孔等可以利用剖视、剖面、局部视图和局部放大图来表示，运用样条曲线来完成局部剖视，通过填充命令绘制剖面线。

　　对于重复的图形，可通过创建块，然后根据绘图需要将其插入到图中的任意指定位置，提高绘图的效率。

　　零件图尺寸标注时，应先设置尺寸标注的样式，然后再标注尺寸。

　　技术要求、标题栏等内容书写时，应首先设置文本样式。

　　党在的二十大报告中指出："我们要建设现代化产业体系，坚持把发展经济的着力点放在实体经济上，推进新型工业化，加快建设制造强国、质量强国、航天强国、交通强国、网络强国、数字中国"。质量是立业之本，是强国之基，我们在 CAD 学习中也要深刻理解零件表面质量概念，遵守国家标准，树立以"质"促"效"的意识。

拓展训练

（1）打开源文件，根据图 6-42 所示进行绘制和标注。

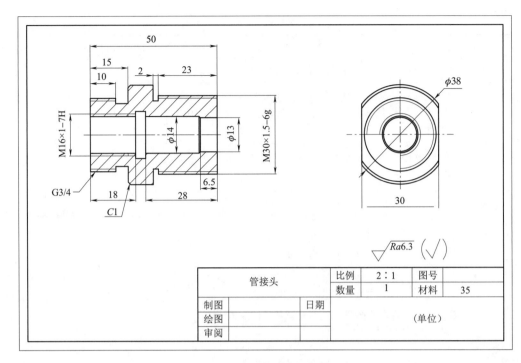

管接头	比例	2:1	图号	
	数量	1	材料	35
制图		日期		
绘图			(单位)	
审阅				

图 6-42 管接头零件图

（2）打开源文件，根据图 6-43 所示进行绘制和标注。

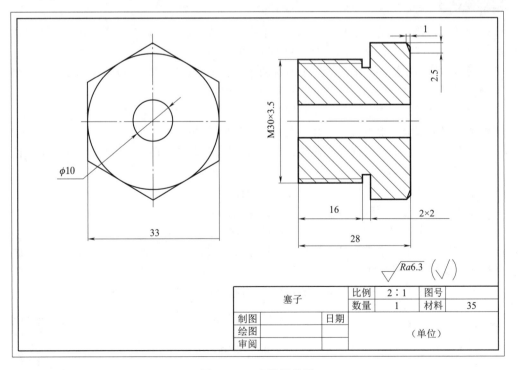

塞子	比例	2:1	图号	
	数量	1	材料	35
制图		日期		
绘图			(单位)	
审阅				

图 6-43 塞子零件图

项目七　叉架类零件的绘制

项目目标

（1）掌握多段线、打断、旋转等绘图命令及图形编辑命令的使用；

（2）掌握重合断面图、移出断面图及加强筋的画法；

（3）了解并掌握文字样式及运用单行文字和多行文字命令进行文本输入；

（4）能根据尺寸标注要求恰当设置尺寸标注样式；

（5）培养学生细心、认真的工作作风；

（6）培养学生了解制图规范和图纸质量要求的职业素质。

工作任务

叉架类零件属机械中的常用件，包括拨叉、连杆和各种支架等，起支承、传动、连接等作用，内外形状较复杂，绘制时一般有以下三方面的内容。

1. 视图选择

常采用两个或两个以上基本视图。在选择主视图时，通常以工作位置放置，主要考虑其形状特征、主要结构和各组成部分的相互关系。根据其具体结构形状选用其他视图，常采用局部剖视图、断面图、旋转视图或旋转剖视图等表达方法，对于连接支承部分的截面形状，则用断面图表示。

2. 尺寸标注

在零件图中，除了用一组完整的视图表达清楚零件内外的结构形状外，还必须标注一组完整的尺寸，以表示该零件的大小。

3. 技术要求

无法标注在图样上的内容，如特殊加工要求、检验和试验、表面处理和修饰等内容，一般作为技术要求，用文字的形式分条注写在图样的空白处。

本项目将以如图 7-1 所示托架为例，来学习如何绘制叉架类零件。

知识链接

1. 打断命令的使用

从指定的点处将对象分成两部分，或删除对象上所指定两点之间的部分，打断命令有以下三种使用方式：

（1）在命令行中用键盘输入"BREAK"，或输入快捷命令"BR"。

（2）选择菜单栏的"修改 > 打断"命令。

（3）在功能区"默认"选项卡的"修改"面板中单击"打断"按钮 打断(K) ，如

图 7-2 所示。

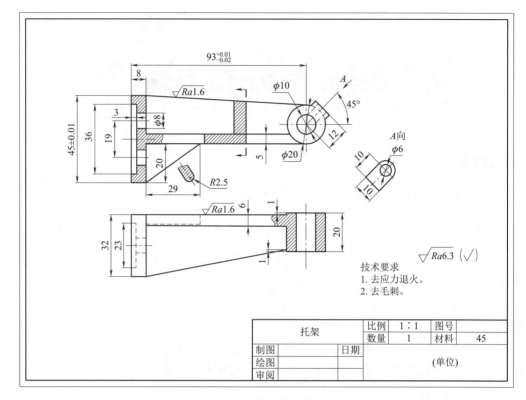

图 7-1 托架的零件图

图 7-2 打断命令执行界面

①指定第二个打断点。

此时 AutoCAD 以用户选择对象时的拾取点作为第一断点，并要求确定第二断点。用户可以有以下选择：

如果直接在对象上的另一点处单击"拾取"按钮，则 AutoCAD 将对象上位于两拾取点之间的对象删除掉。

如果输入符号"@"后按【Enter】或【Space】键，则 AutoCAD 在选择对象时的拾取点处将对象一分为二。

如果在对象的一端之外任意拾取一点，则 AutoCAD 将位于两拾取点之间的那段对象删除掉。

②第一点（F）。

重新确定第一断点。执行该选项，AutoCAD 提示界面如图 7-3 所示。

在此提示下，可以按前面介绍的三种方法确定第二断点，如图 7-4 所示。

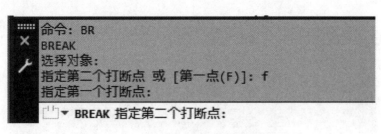

图7-3 打断命令执行界面

图7-4 打断的图形

2. 多段线命令的使用

多段线（也称复合线）命令可画等宽或不等宽的两点线，可以画直线、圆弧及直线与圆弧、圆弧与圆弧的组合线。多段线命令有以下三种使用方式：

（1）在命令行中用键盘输入"PLINE"，或输入快捷命令"PL"。

（2）选择菜单栏的"绘图 > 多段线"命令。

（3）在功能区"默认"选项卡的"绘图"面板中单击"多段线"按钮，如图7-5所示。

图7-5 多段线的命令界面

多段线命令执行界面如图7-6所示。

图7-6 多段线命令执行界面

其中，"圆弧（A）"选项用于绘制圆弧；"半宽（H）"选项用于指定多段线的半宽；"长度（L）"选项用于指定所绘多段线的长度；"宽度（W）"选项用于确定多段线的宽度。

例如图7-7所示箭头的绘制：输入"宽度（W）"，修改多段线起点宽度0，终点宽度0.5，输入长度2.5，可形成箭头，如图7-8所示。

图7-7 多段线绘制箭头结果

图 7-8　多段线绘制箭头的步骤

同理，多段线也可用于剖切符号的绘制，读者可自行试验，这里就不再赘述。

项目实施

任务一　托架的绘制

步骤1：打开图7-1所示托架图框 DWG 文件（已设置好图层和标注样式等），打开对象捕捉、极轴追踪及自动追踪功能，设定自动捕捉类型为端点、圆心及交点等，选择中心线层绘制如图7-9所示中心线。

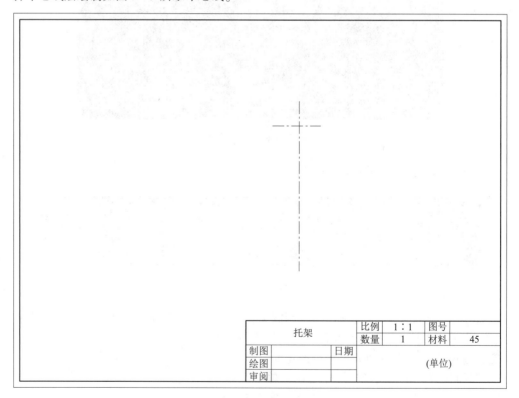

托架		比例	1：1	图号	
		数量	1	材料	45
制图		日期			
绘图			(单位)		
审阅					

图 7-9　导入托架零件图图框及绘制中心线

步骤2：选择粗实线层，使用圆（C）和直线（L）命令绘制圆筒及凸台（后续讲解省略显示图框），如图7－10所示。

步骤3：选择虚线层，使用修剪（TR）、直线（L）和圆弧（A）命令绘制虚线，并输入命令"RO"旋转45°，如图7－11所示。

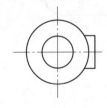
图7－10　绘制圆筒及凸台

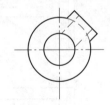
图7－11　旋转凸台

步骤4：使用直线（L）、修剪（TR）和偏移（O）命令绘制支架，如图7－12所示。

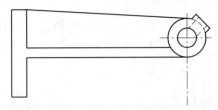
图7－12　绘制支架

步骤5：使用直线（L）、修剪（TR）和偏移（O）命令绘制孔及加强筋，选择中心线层补画中心线，如图7－13所示。

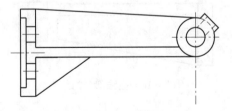
图7－13　绘制孔及加强筋

步骤6：使用打断命令打断中心线，如图7－14所示。

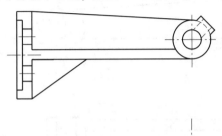
图7－14　绘制俯视图

步骤7：使用直线（L）、修剪（TR）和偏移（O）命令绘制俯视图轮廓线，如图7-15所示。

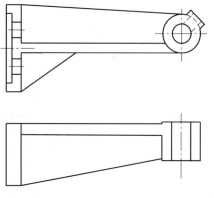

图7-15　完善俯视图

步骤8：选择中心线层，使用直线（L）命令绘制俯视图中心线；选择虚线层，使用直线（L）命令绘制俯视图虚线，如图7-16所示。

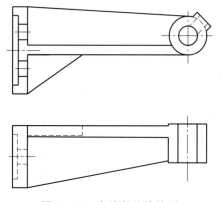

图7-16　虚线部分的绘制

步骤9：选择中心线层，使用直线（L）命令绘制移除断面图和向视图的中心线，并输入命令"RO"旋转，如图7-17所示。

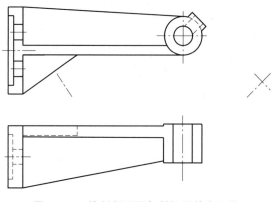

图7-17　绘制断面图与斜视图的中心线

步骤10：选择粗实线层，使用直线（L）、圆（C）和圆弧（A）命令绘制移出断面图和斜视图轮廓线，如图7－18所示。

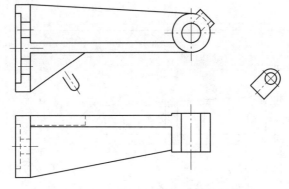

图7－18　断面图与局部斜视图轮廓的绘制

步骤11：选择细实线层，使用样条曲线（SPL）和图案填充（H）命令完成绘图，如图7－19所示。

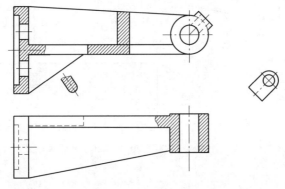

图7－19　局部剖的绘制与填充

步骤12：选择尺寸线层，选择"标注样式1"进行标注，使用线性尺寸、对齐尺寸、直接尺寸、半径尺寸和角度尺寸完成标注，并在标注时适时添加直径"φ"符号和上下公差，如图7－20所示。

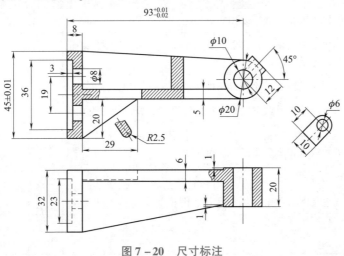

图7－20　尺寸标注

步骤13：输入插入块（I）命令插入粗糙度块，用分解（X）命令进行分解并适当编辑，使用多段线绘制剖切符号，选择多行文字编辑命令（T）填写技术要求，如图7-21所示。

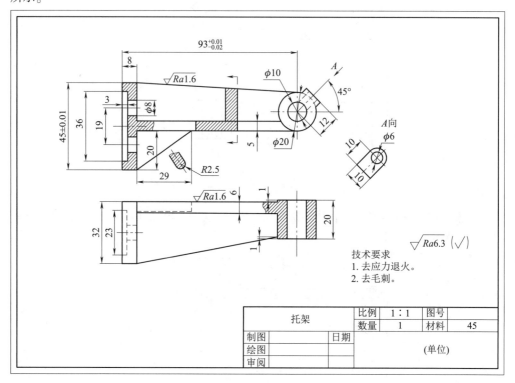

图7-21 标注粗糙度及书写技术要求

项目评价

托架绘制检测评价表见表7-1。

表7-1 托架绘制检测评价表

序号	考核要求	配分	自检	师检	得分
1	图层设置正确，每处错误扣2分	10			
2	根据机械制图的国家标准，正确设置零件图的文本样式和尺寸样式，包括单位、精度等	10			
3	正确抄画完成视图的绘制，每处错误扣3分，扣完为止	25			
4	断面图、局部剖、图案填充，每处错误扣3分，扣完为止	10			
5	完整标注零件图的尺寸、公差和形位公差、技术要求、粗糙度，每处错误扣2分，扣完为止	25			
6	图形布局合理	10			
7	制图规范及图纸质量（图线运用、图框的调用、尺寸及文字样式是否协调等）	10			
	合计	100			

项目小结

党的二十大报告指出，高质量发展是全面建设社会主义现代化国家的首要任务。我们在 CAD 绘图中也要养成细心、认真的工作作风，对于形状较为复杂的叉架类零件更要做到仔细分析，保证制图质量，做到图面清晰、简明、规范、美观。

叉架类零件包括拨叉、连杆、支架、摇臂、杠杆等，在机器中主要起操纵、调速、连接或支承作用。

叉架类零件的结构形状多样，差别较大，比较复杂，不规则，多为铸件。但其主体结构都是由安装支承部分、工作部分和连接部分组成的，局部结构有肋、凸台、凹坑和铸造圆角。

叉架类零件加工位置多变，所以一般以自然位置或工作位置放置，并选取最能反映各组成部分形状和相对位置的方向作为主视图的投射方向，并将零件放正。这类零件一般需要两个或两个以上的基本视图，因有形状歪斜，故常辅以斜视图或局部视图；为表示局部内形，常采用斜剖视图或局部剖视图；连接部分、肋板的断面形状和细小结构，常采用断面图或局部放大图表示，并通过填充命令绘制剖面线。如图 7-21 所示，主视图反映各部分的主要结构形状和相对位置，移出断面图反映肋板的形状，俯视图全剖反映支承板的型面和底板形状，局部斜视图表示凸台形状。

零件图尺寸标注时，应先设置尺寸标注的样式，然后再标注。

技术要求、标题栏等内容书写时，应首先设置文本样式。

拓展训练

（1）绘制如图 7-22 所示叉架，并标注尺寸及形位公差和技术要求。

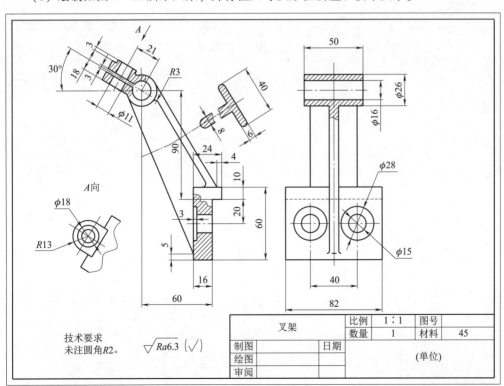

图 7-22 叉架的零件图

（2）绘制如图 7 - 23 所示叉架，并标注尺寸及形位公差和技术要求。

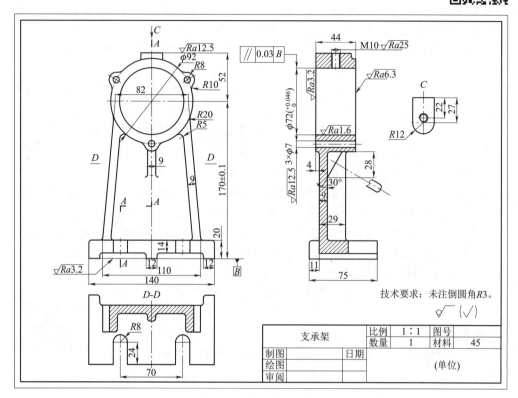

图 7 - 23 支承架的零件图

项目八　阀体与箱体类零件的绘制

项目目标

（1）掌握全剖、半剖、局部剖的表达方式及应用；

（2）掌握常用绘图及修改命令绘制图形的方法和技巧；

（3）掌握文字、尺寸标注和修改方法；

（4）具有熟练绘制箱体类零件图样的能力；

（5）具有灵活进行各种类型尺寸标注的能力；

（6）培养综合运用所学知识解决实际问题的能力和独立工作的能力；

（7）培养学生视图表达能力与创新精神；

（8）培养学生分析问题的职业能力和职业素质。

工作任务

阀体与箱体类零件是机器或部件的外壳或座体，一般为铸铁结构，它是机器或部件中的骨架零件，起着保护、支承、包容、安装、固定部件中其他零件的作用。

阀体与箱体类零件的结构表达一般需要三个基本视图。本任务要求使用 AutoCAD 软件绘制如图 8-1 及图 8-2 所示零件的机械图样。

知识链接

阀体与箱体类零件结构比较复杂，主体结构一般有具有内腔的体身，安装、支承轴承的孔，与机架相连的底板，以及与箱盖相连的顶板；局部结构有凸台、凹坑、肋板、导轨、螺孔、销孔、沟槽与螺栓通孔、铸造圆角等。

1. 表达方案

（1）为便于了解其工作位置，常按其工作位置画图，并根据箱体的主要结构特征选择主视图。

（2）通常通过主要支承孔轴线的剖视图表示其内部形状，如图 8-1 和图 8-2 所示的主视图。此外，对零件的外形也应采用相应的视图表达清楚。由于铸造圆角较多，故还要注意过渡线的画法。

（3）箱体上的一些小结构常用局部剖视图、局部视图和断面图表示，如图 8-1 所示的俯视图为反映螺孔的形状采用了局部剖。

2. 尺寸标注

尺寸基准：该零件一般有长、宽、高三个方向的尺寸基准及若干个辅助基准。一般以安装基面、主要支承孔（件）的轴线、对称面作为它们三个方向的主要尺寸基准。

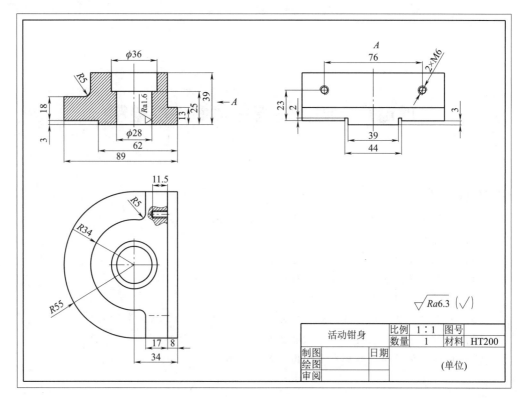

图 8 – 1　活动钳身

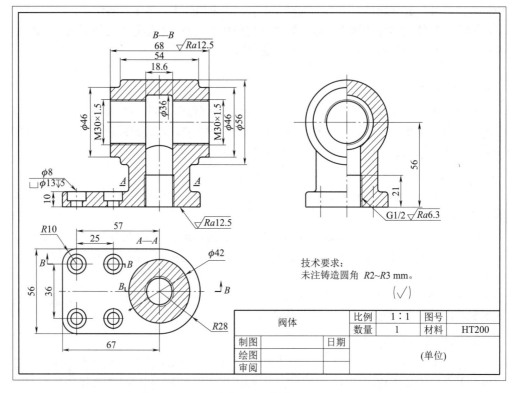

图 8 – 2　阀体

3. 技术要求

（1）重要的尺寸有些需标注公差，重要表面及轴线有些则需标注形位公差，其表面粗糙度值要小。

（2）不少零件是巨大、较重的铸件，需经过时效处理，铸件内部不能有气孔、缩孔和裂纹等铸造缺陷。

项目实施

任务一 活动钳身的绘制

步骤1：打开图8-1所示活动钳身图框 DWG 文件（已设置好图层和标注样式等），打开对象捕捉、极轴追踪及自动追踪功能，设定自动捕捉类型为端点、圆心及交点等，选择中心线层绘制如图8-3所示中心线。

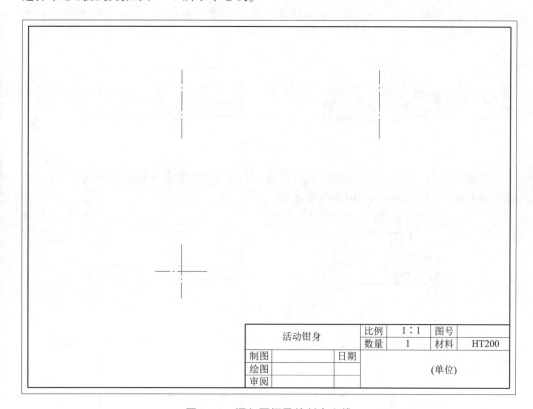

活动钳身		比例	1：1	图号	
		数量	1	材料	HT200
制图		日期			
绘图				（单位）	
审阅					

图 8-3 调入图框及绘制中心线

步骤2：看图寻找对应尺寸，选择粗实线层，用直线（L）命令绘制主视图外轮廓（后续讲解省略显示图框），如图8-4所示。

步骤3：继续用直线（L）命令绘制主视图内轮廓，并用图案填充（H）命令绘制剖面线（剖面线应为细实线层），如图8-5所示。

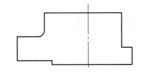

图8-4 绘制主视图外轮廓

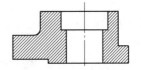

图8-5 绘制主视图内部形状

步骤4：用直线（L）命令绘制A向视图的外部轮廓线，可采用镜像"MI"命令左、右镜像，如图8-6所示。

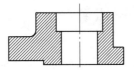
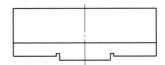

图8-6 完善主视图、绘制向视图

步骤5：使用偏移（O）命令偏移线段找到一处螺纹中心线，并改为中心线层，如图8-7所示。

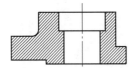
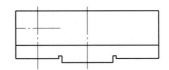

图8-7 绘制孔的中心线

步骤6：用圆（C）命令绘制螺纹并修剪（TR）（或用圆弧A绘制可不用修剪），通过控制点调整中心线长度，如图8-8所示。

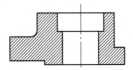
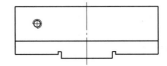

图8-8 绘制螺纹孔

步骤7：使用移动（M）或复制（CO）命令按距离复制一个螺纹到右边，如图8-9所示。

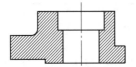
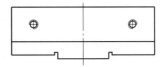

图8-9 绘制另一螺纹孔

步骤8：使用直线（L）命令绘制俯视图外轮廓线，如图8-10所示。

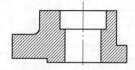
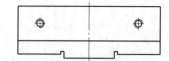

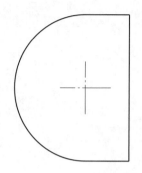

图 8-10   绘制俯视图及中心线

步骤 9：继续使用直线（L）命令绘制俯视图内轮廓，如图 8-11 所示。

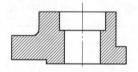
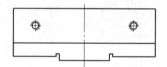

图 8-11   完成俯视图的主体轮廓

步骤 10：用直线（L）命令绘制俯视图局部剖内螺纹孔（注意使用对应图层），如图 8-12 所示。

步骤 11：绘制俯视图局部剖波浪线和剖面线，使用样条曲线（SPL）和图案填充（H）命令，如图 8-13 所示。

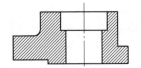 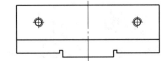

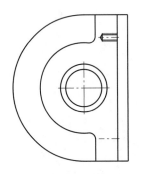

图 8 – 12　完成俯视图的主体轮廓

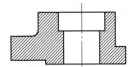 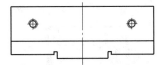

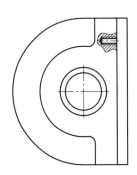

图 8 – 13　完成俯视图的主体轮廓绘制

步骤 12：使用线性尺寸标注，并修改添加直径"φ"和螺纹"M"等符号，如图 8 – 14 所示。

步骤 13：标注半径尺寸，并用引出标注绘制向视图标识箭头，如图 8 – 15 所示。

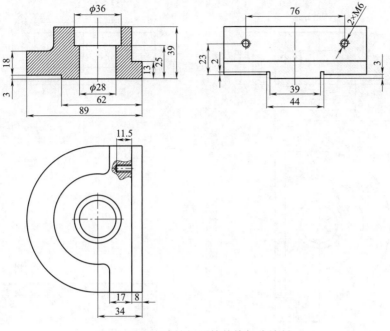

图 8 – 14　完成俯视图的其他部分绘制

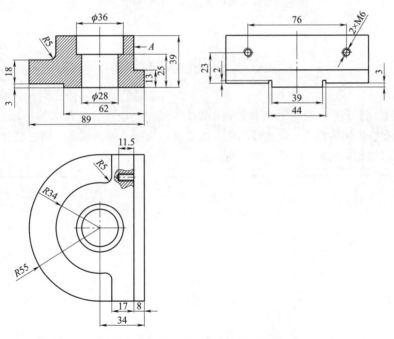

图 8 – 15　完成尺寸标注及完善细节

步骤 14：输入插入块（I）命令插入粗糙度块并编辑，在适当区域创建多行文字（T）并编辑，如图 8 – 16 所示。

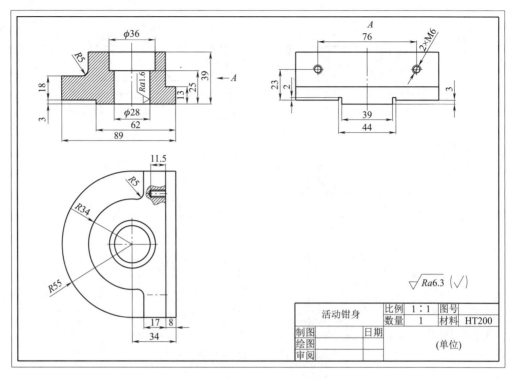

图 8 – 16 粗糙度标注及书写技术要求

任务二 阀体的绘制

步骤1：打开图8-2所示阀体图框DWG文件（已设置好图层和标注样式等），打开对象捕捉、极轴追踪及自动追踪功能，设定自动捕捉类型为端点、圆心及交点等，选择中心线层绘制如图8-17所示中心线。

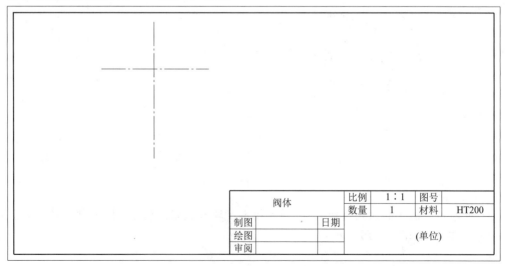

图 8 – 17 调入图框及绘制基准线

步骤2：选择粗实线层，使用直线（L）和倒圆角（F）命令绘制轮廓线（后续讲解省略显示图框），如图8－18所示。

步骤3：使用直线（L）命令绘制螺纹（注意粗实线层和细实线层），如图8－19所示。

图8－18　绘制主视图中心线及轮廓线　　图8－19　绘制主视图轮廓线

步骤4：使用镜像（MI）命令左右镜像及上下镜像，如图8－20所示。

步骤5：使用直线（L）命令绘制外轮廓，如图8－21所示。

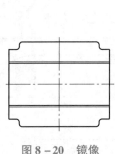
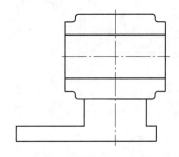

图8－20　镜像　　　　　　　　图8－21　完善主视图外轮廓

步骤6：使用圆角（F）和修剪（TR）命令修剪轮廓，如图8－22所示。

步骤7：使用直线（L）和圆角（F）命令绘制主视图中间部分［可自由穿插镜像（MI）或修剪（TR）等修改命令］，如图8－23所示。

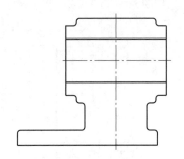
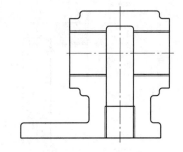

图8－22　编辑主视图外轮廓　　　　图8－23　绘制主视图内轮廓

步骤8：选择中心线层，使用直线（L）命令绘制沉孔中心线，如图8－24所示。

步骤9：选择粗实线层，使用直线（L）命令绘制沉孔［可自由穿插复制（CO）和镜像（MI）等修改命令］，如图8－25所示。

步骤10：选择中心线层绘制俯视图中心线，如图8－26所示。

步骤11：使用直线（L）和圆角（F）命令绘制俯视图外轮廓，如图8－27所示。

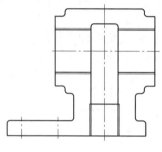

图 8 – 24　完善主视图内轮廓

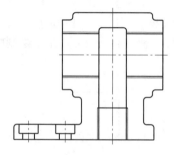

图 8 – 25　完成主视图绘制

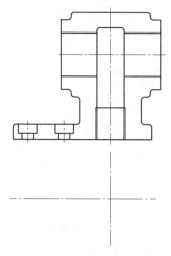

图 8 – 26　绘制俯视图基准线

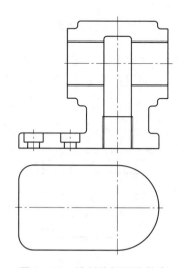

图 8 – 27　绘制俯视图外轮廓

步骤12：选择中心线层，使用（L）命令绘制俯视图沉孔中心线，如图 8 – 28 所示。

步骤13：使用圆（C）和修剪（TR）命令绘制俯视图内轮廓线［可使用镜像（MI）或移动（M）等命令快速绘图，注意螺纹线图层］，如图 8 – 29 所示。

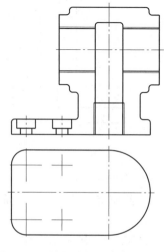

图 8 – 28　绘制俯视图内部孔中心线

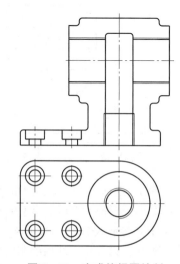

图 8 – 29　完成俯视图绘制

步骤14：选择中心线层，使用直线（L）命令绘制左视图中心线，如图8-30所示。

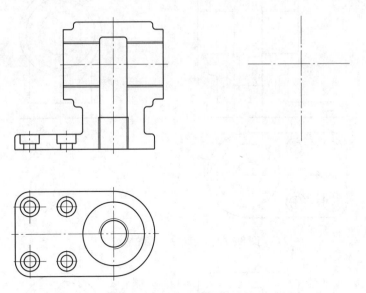

图8-30　绘制左视图基准线

步骤15：选择粗实线层，使用圆（C）和修剪（TR）命令绘制轮廓线，如图8-31所示。

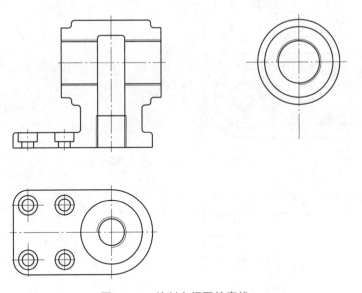

图8-31　绘制左视图轮廓线1

步骤16：用直线（L）和镜像（MI）命令绘制轮廓线，如图8-32所示。

步骤17：使用圆弧（A）和修剪（TR）命令绘制管螺纹部分，可从主视图进行一个点到点的复制，选择中心线层，使用直线（L）命令添加沉孔中心线，如图8-33所示。

步骤18：如图8-34所示，通过高、平、齐在主视图中绘制三点圆弧A。

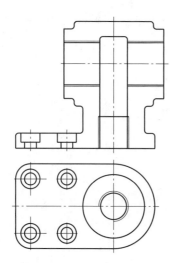
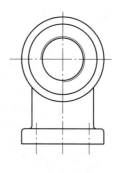

图 8 – 32　绘制左视图轮廓线 2

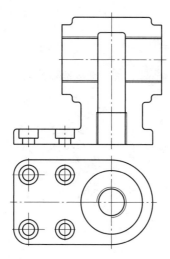

图 8 – 33　完善左视图内轮廓

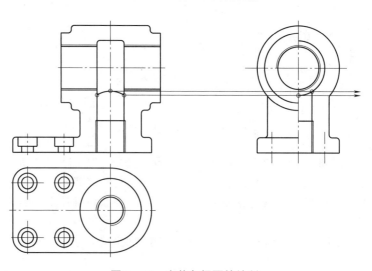

图 8 – 34　完善各视图的绘制

步骤19：使用图案填充（H）命令绘制剖面线，如图8–35所示。

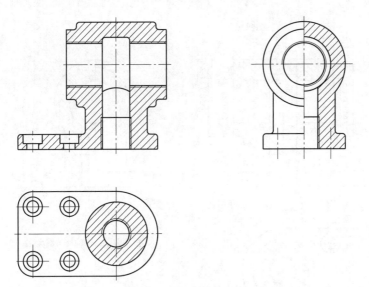

图8–35　填充剖面线

步骤20：标注线性尺寸、直径尺寸和半径尺寸并适时编辑修改，如图8–36所示。

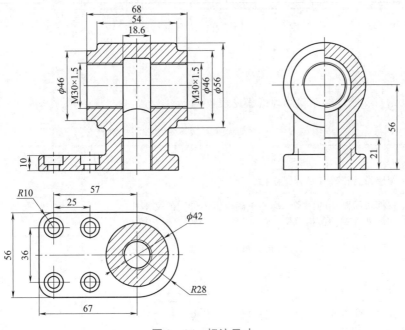

图8–36　标注尺寸

步骤21：使用引线标注剩下尺寸，文字可用分解（X）命令进行分解，再移动到合适位置，并创建或修改多行文字（T），输入插入块（I）命令插入粗糙度块并编辑，如图8–37所示。

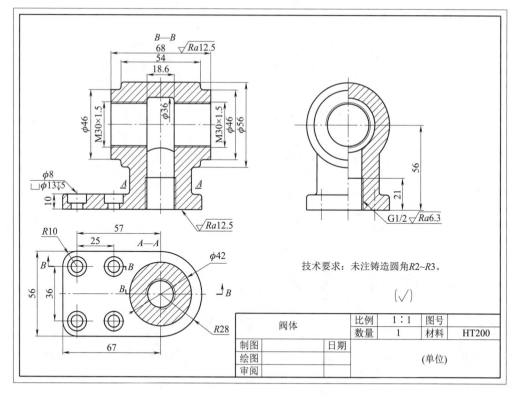

图 8 – 37 粗糙度标注及书写技术要求

项目评价

活动钳身、阀体绘制检测评价表见表 8 – 1。

表 8 – 1 活动钳身、阀体绘制检测评价表

序号	考核要求	配分	自检	师检	得分
1	图层设置正确，每处错误扣 2 分	10			
2	根据机械制图的国家标准，正确设置零件图的文本样式和尺寸样式，包括单位、精度等	10			
3	正确抄画完成视图的绘制，每处错误扣 3 分，扣完为止	25			
4	剖视图、图案填充，每处错误扣 3 分，扣完为止	10			
5	完整标注零件图的尺寸、公差和形位公差，每处错误扣 2 分，扣完为止	20			
6	技术要求、粗糙度	10			
7	视图表达能力、图形布局合理及创新精神	10			
8	正确完成零件图图框的调用，并填写姓名到标题栏中的适当位置	5			
	合计	100			

项目小结

党的二十大报告提出，"坚持创新在我国现代化建设全局中的核心地位"。创新是一个国家、一个民族发展进步的不竭动力，是推动人类社会进步的重要力量。世界经济发展史表明，在激烈的国际竞争中，惟创新者进，惟创新者强，惟创新者胜。阀体类零件内部结构复杂，制图中有各种表达方式，我们在 CAD 绘制中也应举一反三，加强视图的表达能力。

阀体或箱体类零件是通过偏移、修剪、填充的方式来绘制箱体剖视图并将图形进行图案填充、尺寸标注和添加文字注释等。

制图时常常采用剖视图来表达阀体或箱体类机件的内部形状。剖视图按剖切范围的大小可以分为全剖视图、半剖视图和局部剖视图三种；按剖切平面和剖切方法不同，剖视图又分为斜剖、阶梯剖、旋转剖和复合剖。在绘制剖视图时，应注意下列几个问题：

（1）剖面区域内要画上剖面符号，不同的材料采用不同的剖面符号。

（2）由于剖切是假想的，因此机件的其他图形在绘制时不受其影响。

（3）为了清楚表达机件内部结构形状，应使剖切面尽量通过机件较多的内部结构（孔、槽等）的轴线和对称面等，并用剖切符号表示。

（4）剖切符号与剖视图名称由粗短线和箭头组成，并在剖视图上方中间位置标注出剖视图的名称。

拓展训练

（1）绘制如图 8 - 38 所示固定钳身，并标注尺寸及形位公差、技术要求。

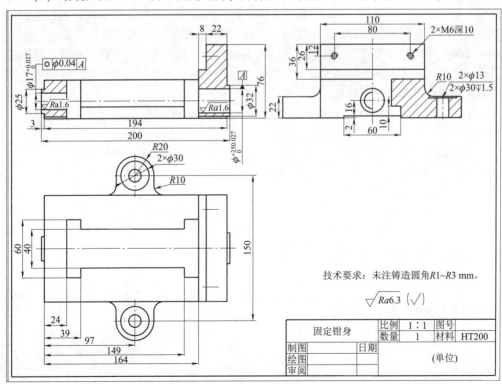

技术要求：未注铸造圆角R1~R3 mm。

固定钳身	比例	1 : 1	图号	
	数量	1	材料	HT200
制图		日期		
绘图				（单位）
审阅				

图 8 - 38　固定钳身零件图

项目九　装配图的绘制

项目目标

(1) 了解装配图的内容和视图表达方式及技术要求的拟订方法;

(2) 了解装配图标注尺寸的种类及各尺寸的作用;

(3) 熟悉装配图的规定画法、特殊画法,具备装配图结构分析和识读能力;

(4) 掌握由零件图绘制装配图的技能,确保装配结构的合理性;

(5) 掌握装配图中零、部件序号的编写规则,以及明细栏和标题栏的填写内容;

(6) 掌握零件图和装配图的关系,领悟部分和整体二者不可分割、相互影响;

(7) 培养耐心、细致和一丝不苟的工匠精神,理解设备精度与责任担当的关系。

工作任务

用 AutoCAD 绘制装配图的方法是拼装法,即装配图由零件图中的视图拼装而成。拼装装配图的方法是:利用插入命令将零件图插入图形文件(可以是空白文件)中,经过删除、修剪、移动、镜像、旋转、缩放等编辑后,再利用移动命令将零件移到各自的定位点处。将零件图移到一起后,还要进行编辑,修改、删除、重画不符合要求的线条。

如果装配图中有螺纹紧固件,则可以从 AutoCAD 的符号库中调用所需的螺纹紧固件符号,经编辑后插入到装配图中。如果装配图中有其他标准件,如销、键、垫圈等,则应按照国家标准要求进行绘制。

本项目以绘制图 9 – 1 所示阀的装配图为例,说明拼装装配图的方法,包括以下主要内容:

(1) 插入零件图;

(2) 编辑零件图;

(3) 拼装视图;

(4) 编辑左视图;

(5) 编辑、装配紧固件;

(6) 编辑剖面线和安装轴线;

(7) 编辑主视图;

(8) 标注尺寸;

(9) 完成装配图其他内容。

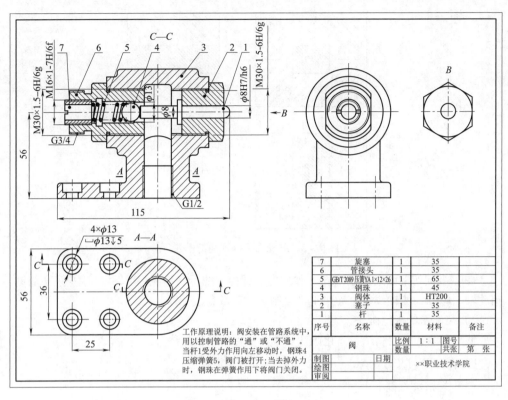

图 9 – 1　阀

知识链接

1. 装配图的作用和内容

1）装配图的作用

装配图是表示机器或部件的装配关系、工作原理、传动路线、零件的主要结构形状以及装配、检验、安装时所需要的尺寸数据和技术要求的技术文件。

2）装配图的内容

（1）一组图形。

（2）必要的尺寸。

（3）技术要求。

（4）零部件序号及明细栏和标题栏。

2. 装配图的表达方法

装配图主要表达部件的装配关系、工作原理、零件间的连接关系及主要零件的结构形状等。因此，根据装配的特点和表达要求，国家标准《机械制图》对装配图提出了一些规定画法和特殊的表达方法。

1）装配图中剖面线的画法（见图 9 – 2）

（1）两相邻零件的接触面和配合面只画一条线，非接触面和非配合面画两条线。

（2）两相邻零件剖面线方向相反，或方向相同、间隔不等；同一零件在各视图上剖面线的方向和间隔必须一致。

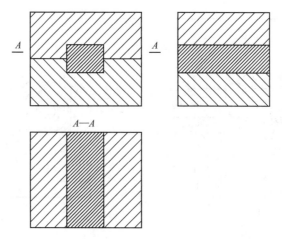

图 9 - 2   装配图中剖面线的画法

（3）当剖切平面通过紧固件（如螺钉、螺栓、螺母、垫圈等）和实心零件（如键、销、轴、球等）的轴线时，均按不剖绘制。

2）装配图的规定画法

假想画法、夸大画法、简化画法和单独零件的单独画法等。

3. 装配图的尺寸标注

（1）规格（性能）尺寸。

（2）装配尺寸：配合尺寸、相互位置尺寸、装配时加工尺寸。

（3）安装尺寸。

（4）外形尺寸：总长、总高、总宽。

（5）其他重要尺寸。

4. 装配图中的零件序号和明细栏

1）零件序号的画法（见图 9 - 3）

（1）装配图中所有零件、组件都必须编写序号，且相同零件或部件只有一个序号。

（2）指引线不能相交，通过剖面区域时不能与剖面线平行，必要时允许曲折一次。

（3）序号注在视图外，且按水平或垂直方向排列整齐，并按顺时针或逆时针顺序排列。

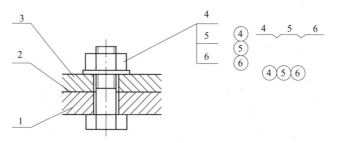

图 9 - 3   装配图中零件序号的画法

2）明细栏的绘制

明细栏紧靠在标题栏上方，并按由下向上的顺序填写，当位置不够时，可将明细栏的一部分移至紧靠标题栏左方。明细栏的编号必须与装配图的一一对应。如图 9-4 所示。

10				
9				
8				
7				
6				
5				
4				
3				
2				
1				
序号	名称	数量	材料	备注

(图 名)		比例	图号	
		数量	共张	第张
制图	(日期)			
绘图	(日期)	(单位名称)		
审图	(日期)			

10	螺钉GB/T 68M6×16	4		
9	活动钳身	1	HT200	
8	固定钳身	1	HT200	
7	螺母GB/T 6170 M12	2		
6	垫圈GB/T 97.1 13	1		
5	螺钉	1	Q235A	
4	护口板	2	45	
3	螺母	1	Q235A	
2	垫圈	1	Q235A	
1	螺杆	1	45	
序号	名称	数量	材料	备注

虎钳		比例	1:1	图号
		数量	共张	第张
制图	日期			
绘图		××职业技术学院		
审图				

图 9-4 装配图明细栏的样式

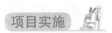项目实施

任务一 阀装配图的绘制

步骤 1：打开图 9-1 所示阀图框 DWG 文件（已设置好图层和标注样式等），打开对象捕捉、极轴追踪及自动追踪功能，设定自动捕捉类型为端点、圆心及交点等，如图 9-5 所示。

1	××	××	××	
序号	名称	数量	材料	备注
阀		比例	1:1	图号
		数量	共张	第张
制图	日期			
绘图		××职业技术学院		
审阅				

图 9-5 调入装配图图框

步骤 2：打开"任务—素材"源文件，找到阀体，关闭尺寸线图层的显示，框选并复制阀体三视图到装配图中，通过移动命令调整合适位置，如图 9-6 所示。

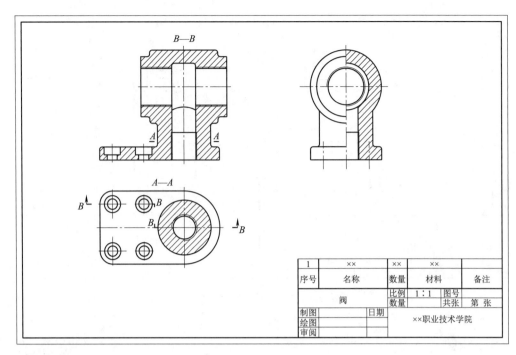

1	××	××	××	
序号	名称	数量	材料	备注
阀		比例	1：1	图号
		数量	共张	第 张
制图		日期		××职业技术学院
绘图				
审阅				

图 9-6　调入阀体零件图

步骤 3：阀体的主视图和俯视图可以不用修改，使用修剪（TR）、删除（E）和镜像（MI）命令修改左视图，如图 9-7 所示。

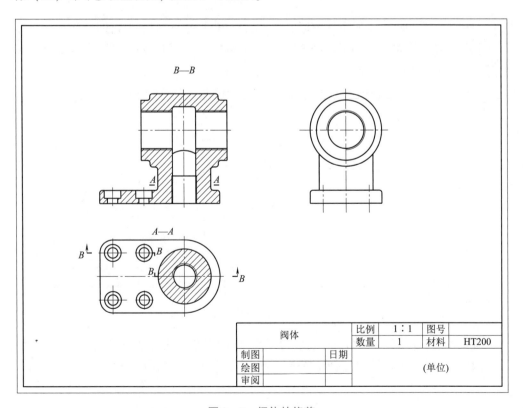

阀体		比例	1：1	图号	
		数量	1	材料	HT200
制图		日期			
绘图				（单位）	
审阅					

图 9-7　阀体的修剪

步骤4：在"任务—素材"中找到塞子，将主视图和左视图复制到"阀装配图"空白处，并按图9-8所示进行移动。

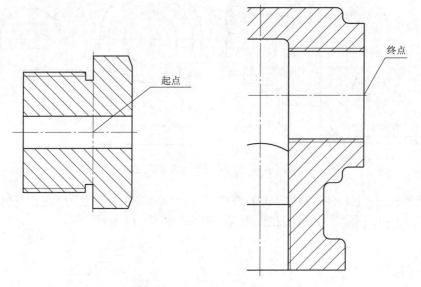

图9-8　塞子与阀体的装配

使用移动（M）命令，按照图9-9所示继续移动，移动后结果如图9-10所示。

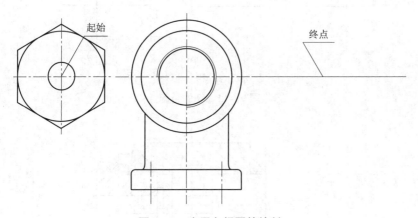

图9-9　塞子向视图的绘制

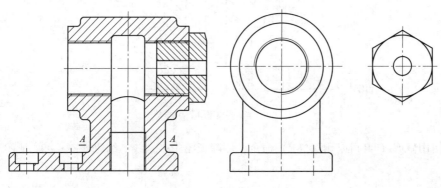

图9-10　装配塞子后的修剪

使用修剪（TR）或删除（E）命令，删除视图中多余线，如图 9-11 所示。

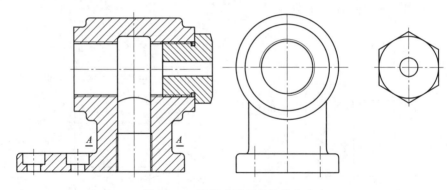

图 9-11　装配塞子后的修剪完成

步骤 5：把"任务—素材"中的"杆"采用上面步骤的类似方法，通过复制、移动命令按图 9-12 所示进行移动装配，移动后结果如图 9-13 所示。

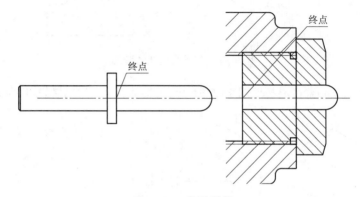

图 9-12　杆的装配

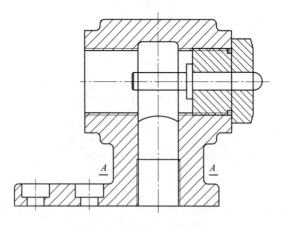

图 9-13　杆装配后的结果

使用修剪（TR）或删除（E）命令，删除视图中多余线，结果如图 9-14 所示。

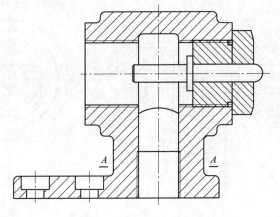

图 9 – 14　杆装配后完成修剪

步骤 6：把"任务—素材"中的"管接头"通过复制、移动命令按图 9 – 15 所示进行移动装配。

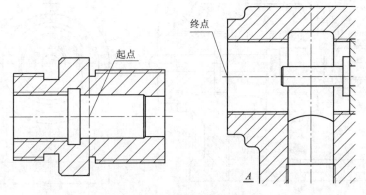

图 9 – 15　管接头的装配

使用移动（M）命令，按照图 9 – 16 所示继续移动，移动后结果如图 9 – 17 所示。

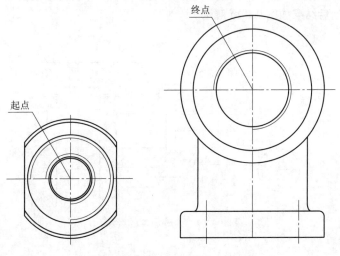

图 9 – 16　管接头装配的左视图绘制

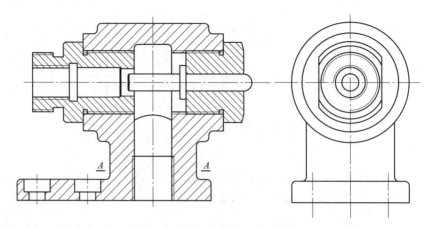

图 9 – 17　管接头装配后的结果

使用修剪（TR）或删除（E）命令，删除视图中多余线，如图 9 – 18 所示。

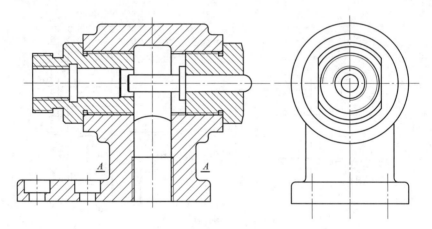

图 9 – 18　管接头装配后编辑结果图

步骤 7：把"任务—素材"中的"钢珠"通过复制、移动命令按图 9 – 19 所示进行移动装配，移动后结果如图 9 – 20 所示。

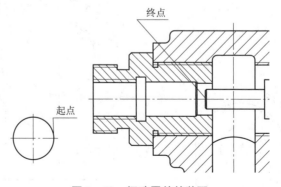

图 9 – 19　钢珠零件的装配

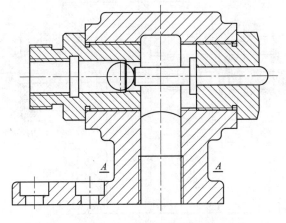

图 9 – 20　钢珠装配后结果

使用修剪（TR）或删除（E）命令，删除视图中多余线，如图 9 – 21 所示。

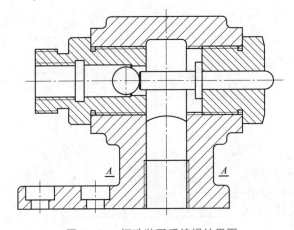

图 9 – 21　钢珠装配后编辑结果图

步骤 8：把"任务一素材"中的"压簧"通过复制、移动命令按图 9 – 22 所示进行移动装配，移动后结果如图 9 – 23 所示。

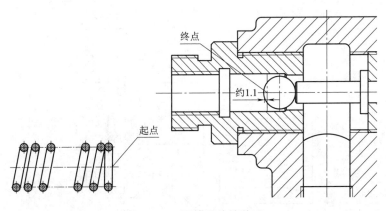

图 9 – 22　压簧零件的装配

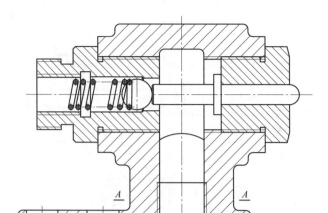

图 9－23　压簧装配后结果

使用复制（CO）、修剪（TR）或删除（E）命令，删除视图中多余线，如图 9－24 所示。

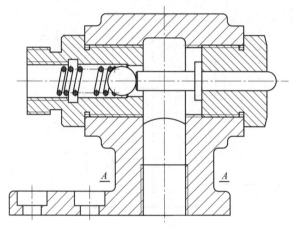

图 9－24　压簧装配后编辑结果图

步骤 9：把"任务一素材"中的"旋塞"通过复制、移动命令按图 9－25 所示进行移动装配。

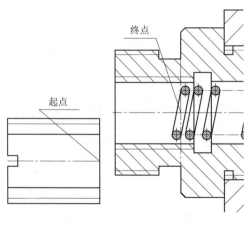

图 9－25　旋塞零件的装配

使用移动（M）命令，按照图9-26所示继续移动，移动后结果如图9-27所示。

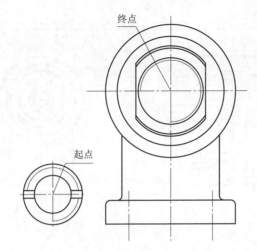

图9-26　旋塞装配左视图的绘制

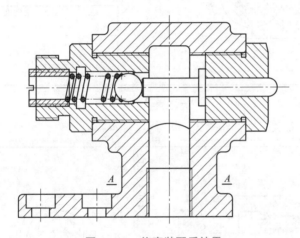

图9-27　旋塞装配后结果

使用修剪（TR）或删除（E）命令，删除视图多余线，使用移动（M）、复制（CO）等修改命令修改，如图9-28所示。

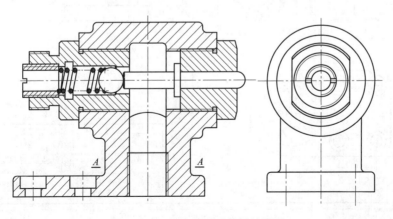

图9-28　旋塞装配后编辑结果图

步骤 10：用修剪、删除、填充等命令修改装配图，相邻物体间的剖面线方向注意为反向，如图 9 – 29 所示。

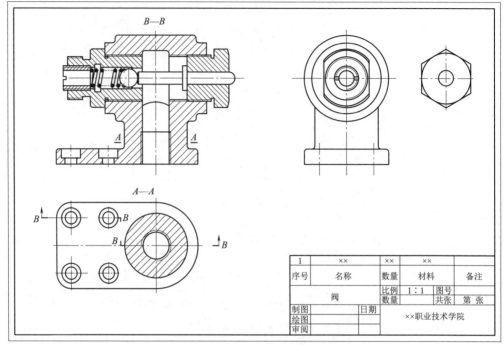

图 9 – 29　完善装配图

步骤 11：标注各类尺寸，如图 9 – 30 所示。

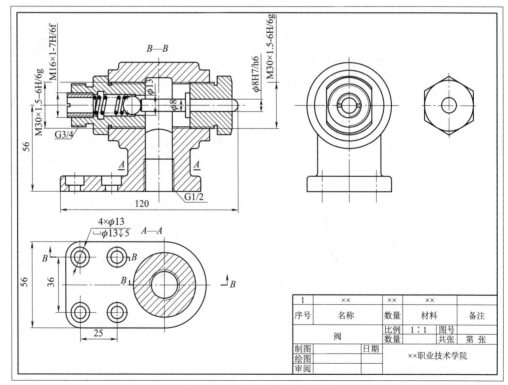

图 9 – 30　装配图中尺寸标注

步骤 12：使用引出线标注零件序号，使用多段线命令绘制向视图箭头，并创建修改多行文字，如图 9 – 31 所示。

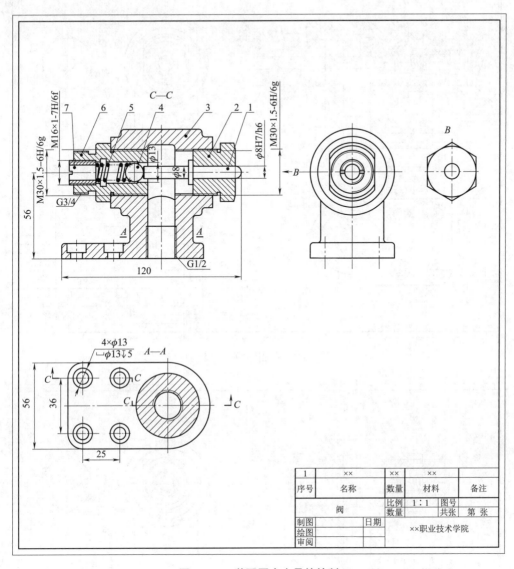

图 9 – 31 装配图中序号的绘制

步骤 13：编辑标题栏明细表，使用复制（CO）命令复制明细表，并进行相关内容编辑，结果如图 9 – 32 所示。

步骤 14：创建多行文字（T），编辑装配图技术要求，完成装配图的绘制，如图 9 – 33 所示。

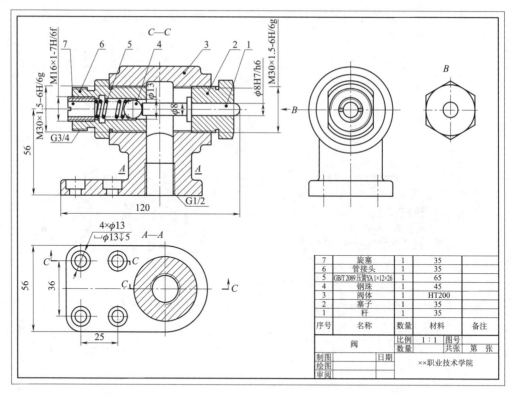

图 9-32　装配图中明细表绘制

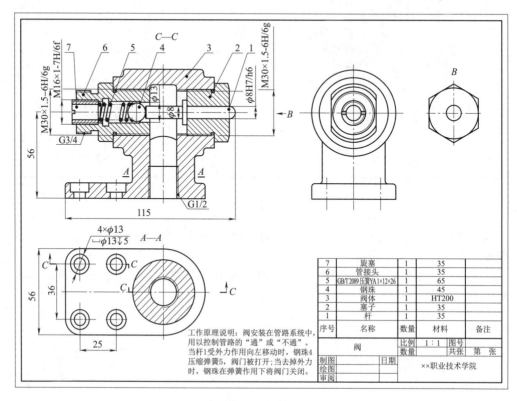

图 9-33　阀装配图

项目评价

阀装配图的绘制检测评价表见表9-1。

表9-1 阀装配图绘制检测评价表

序号	考核要求	配分	自检	师检	得分
1	图层设置正确，每处错误扣2分	10			
2	根据机械制图的国家标准，正确设置零件图的文本样式和尺寸样式，包括单位、精度等	10			
3	正确抄画完成视图的绘制，每处错误扣3分，扣完为止	25			
4	剖视图、图案填充，每处错误扣3分，扣完为止	10			
5	设备精度与责任担当（装配图尺寸的标注、公差、技术要求），每处错误扣3分，扣完为止	20			
6	部分和整体、零件图和装配图的关系（装配是否正确、图形布局是否合理）	10			
7	装配图图框的调用，序号、明细表的绘制，标题栏的正确填写，体现工匠精神	15			
	合计	100			

项目小结

装配图是机械设计中设计意图的反映，是机械设计、制造的重要技术依据，掌握装配图的绘制，能高效、快捷、准确地帮助我们实现交互和沟通。

CAD中装配图是由零件图中的视图拼装而成的，通过对阀体装配进行绘制，使我们懂得了要贯彻党的二十大精神内容，着力推动高质量发展，必须把每张零件图绘制准确，才能最后获得高精度的装配图；懂得了部分和整体的辩证关系；懂得了责任与担当。

如何运用CAD完成装配图的图形、尺寸、技术要求、标题栏、序号、明细栏等内容，重点讲授装配图尺寸的标注方法及技术要求的表达方法。通过阀体的装配，装配图上对每种零件或组件必须进行编号，编制明细栏，依次制作明细表，并写出各种零件的序号、名称、规格、数量、材料等。

装配图中一般只标注必要的尺寸，即只标注出反映机器或部件的性能、规格、外形以及装配、检验、安装时所需要的一些尺寸。而技术要求可以用文字或符号准确、简明地表示机器或部件的性能、装配、检验、调整要求、验收条件以及试验和使用、维修规则等。

拓展训练

（1）请根据图9-34所示装配示意图绘制虎钳装配图。

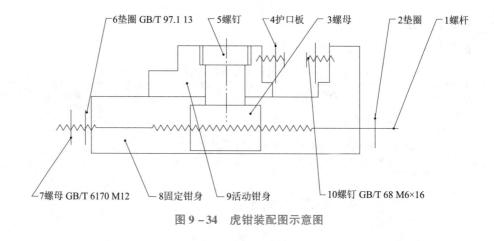

图 9-34　虎钳装配图示意图

项目十　轴测图的绘制

（1）了解轴测图的形成，轴间角、轴向伸缩系数的概念，以及轴测图的分类；

（2）掌握正等轴测图的投影特性、基本作图方法及 CAD 中绘制正等轴测图的设置方法；

（3）掌握正等轴测图中直线、圆、圆弧的绘制及剖面图的绘制方法；

（4）掌握轴测图中倾斜标注的使用；

（5）培养空间想象与思维能力及熟练运用计算机绘图的能力；

（6）培养耐心、细致、认真的学习态度和一丝不苟的匠心精神。

本项目将从绘制长方体物体的轴测图入手，循序渐进地绘制较为复杂的叉架、轴承座轴测图、轴测图的剖切面，并进行轴测图的标注，如图 10-1～图 10-3 所示。

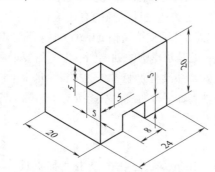

图 10-1　长方体物体轴测图

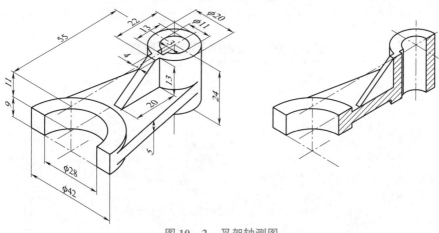

图 10-2　叉架轴测图

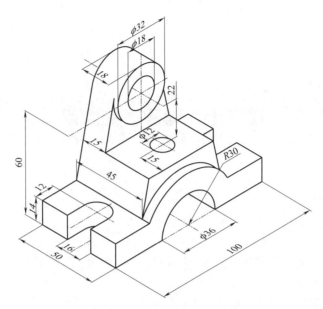

图 10-3 轴承座轴测图

1. 轴测图的作用

轴测图是表达设计思想，帮助空间想象的一种有效手段。在产品开发、技术交流、产品介绍等过程中，轴测图也是表达设计思想的有效工具之一。

用 AutoCAD 绘制正等轴测图与手工绘制轴测图的方法相同，只是由于计算机提供了辅助工具使作图更加方便快捷，尤其是作圆的轴测图。但是需要说明的是，AutoCAD 提供的等轴测只是改变光标捕捉模式，并没有改变系统的坐标，即 X、Y 坐标仍然是水平和垂直方向，因此，在轴测图上与轴测轴平行的线，不能按与坐标轴平行的方式输入坐标。画轴测图时常用极坐标形式确定点。

2. 设置轴测图的方法

进入 CAD 绘图界面后，在下方状态栏中单击"捕捉模式（F9）"按钮 ⋕，选择"捕捉设置"选项，弹出"草图设置"对话框，在"捕捉类型"区域中选中"等轴测捕捉（M）"项，单击"确定"按钮，退出该对话框，此时十字光标变成等轴测捕捉模式，如图 10-4 所示。

图 10-4 绘制轴测图的设置

3. 轴测图画圆的方法

在绘制圆的轴测投影时，可通过椭圆来绘制，输入椭圆"EL"命令，选择"等轴测圆（I）"选项，确定圆心，再给半径，即可绘制等轴测圆。用【F5】键或【Ctrl】+【E】键，可按"等轴测平面、左""等轴测平面上""等轴测捕捉模式""等轴测平面、右"的顺序随时循环切换到合适的轴测面，使之与圆所在的平面相对应，如图10-5所示。

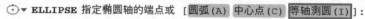

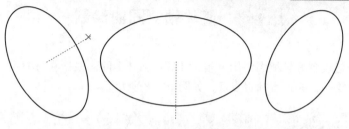

图 10 – 5　轴测图中圆的绘制

4. 轴测图标注样式的设定

以"文字样式1"新建文字样式，在设置中修改角度为30°和–30°，并命名为"30"和"–30"，如图10-6所示。

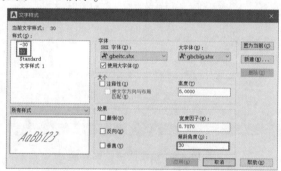

图 10 – 6　轴测图中标注样式的新建

以"标注样式1"新建标注样式，在文字中设置文字样式为"30"和"–30"，也可命名为"30"和"–30"与文字相对应，如图10-7所示。

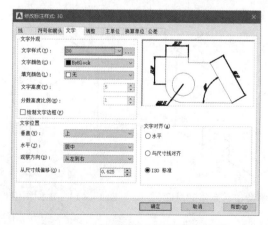

图 10 – 7　轴测图中标注样式的设置

提示：设置完轴测图的绘图环境后也可以新建一个 DWT 图形样板文件。

5. 倾斜标注的使用

在标注菜单栏中找到 ，选择要倾斜的尺寸，输入角度，即可倾斜标注。

项目实施

任务一　简单轴测图的绘制

步骤1：新建设置好轴测图绘图环境的 DWT 空白文件，根据喜好打开"正交"或"极轴"以方便绘图，并设置捕捉点等，如图 10 – 8 所示。

图 10 – 8　轴测图中绘图界面

步骤2：选择粗实线图层，使用直线（L）命令绘制长方体，如图 10 – 9 所示。

步骤3：继续用直线（L）命令绘制，再用修剪（TR）命令进行修剪，如图 10 – 10 所示。

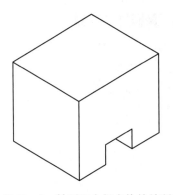

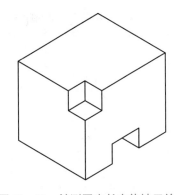

图 10 – 9　轴测图中长方体的绘制　　　图 10 – 10　轴测图中长方体缺口绘制

任务二　叉架零件及剖切图的绘制

步骤 1：新建设置好轴测图绘图环境的 DWT 空白文件，根据喜好打开"正交"或"极轴"以方便绘图，并设置捕捉点等，选择中心线图层，用直线画出定点圆心，如图 10 – 11 所示。

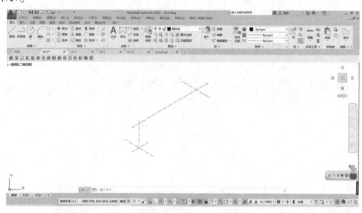

图 10 – 11　轴测图中叉架中心线的绘制

步骤 2：输入椭圆（EL）命令，选择"等轴测圆"，点选左侧圆心，按【F5】键找到适合圆，输入圆的半径，如图 10 – 12 所示。

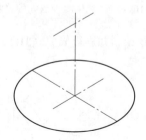

图 10 – 12　叉架中圆形的绘制

步骤 3：继续使用椭圆命令绘制外圆，然后使用直线连接轴测图的椭圆象限点，并修剪多余圆弧，如图 10 – 13 所示。

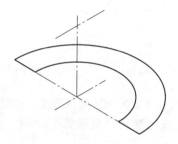

图 10 – 13　叉架中同心圆的绘制

步骤 4：使用复制（CO）命令向上复制，并用直线（L）命令连接后进行修剪（TR），如图 10 – 14 所示。

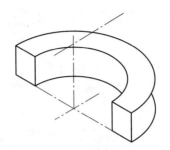

图 10 – 14　叉架中半圆柱体的绘制

步骤 5：使用椭圆（EL）命令绘制右侧圆心圆，如图 10 – 15 所示。

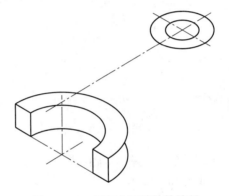

图 10 – 15　叉架中圆筒件的绘制

步骤 6：使用直线（L）命令绘制并进行修剪（TR），如图 10 – 16 所示。

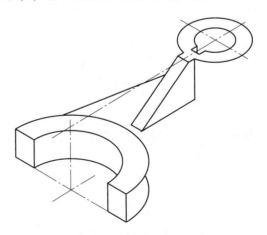

图 10 – 16　叉架中加强筋的绘制

步骤 7：使用复制（CO）命令复制相贯线椭圆弧，如图 10 – 17 所示。

步骤 8：使用直线（L）命令连接两椭圆弧上对应切点，并进行修剪（TR），如图 10 – 18 所示。

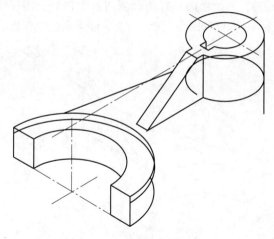

图 10 – 17　完善加强筋下表面

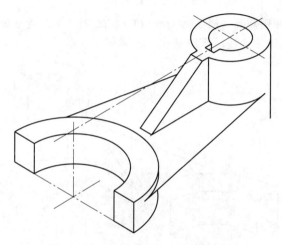

图 10 – 18　完成支承面上表面的绘制

步骤 9：使用复制（CO）命令绘制，并用修剪（TR）和删除（E）命令去除多余线段，如图 10 – 19 所示。

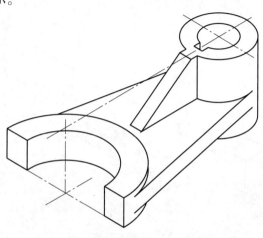

图 10 – 19　完成支承面下表面的绘制

步骤 10：复制（CO）一个前面画好的轴测图到空白处，用直线（L）命令绘制全剖的轮廓线，并用修剪（TR）和删除（E）命令去除多余线段，如图 10 – 20 所示。

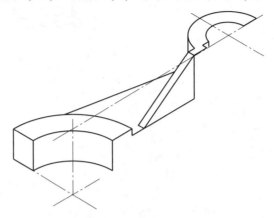

图 10 – 20 叉架的剖面图的绘制

步骤 11：继续使用椭圆（EL）和直线（L）命令补充剖切轮廓线，并用修剪（TR）或删除（E）命令去除多余线段，如图 10 – 21 所示。

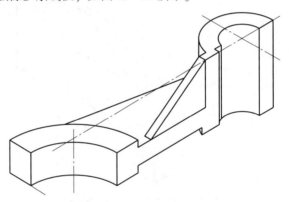

图 10 – 21 完成叉架剖面图的绘制

步骤 12：最后使用图案填充（H）命令添加上剖面线，如图 10 – 22 所示。

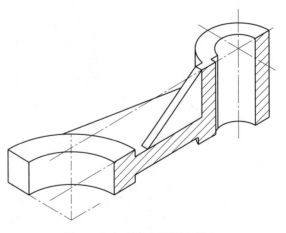

图 10 – 22 叉架剖面图的填充

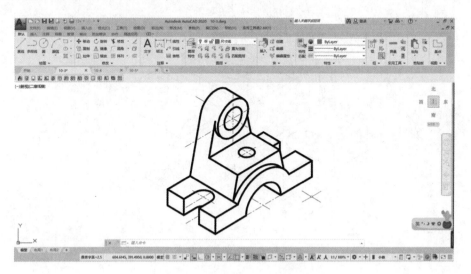

任务三　轴承座轴测图的标注

步骤1：打开10-3源文件，如图10-23所示。

图 10-23　打开源文件界面

步骤2：选择"对齐标注"标注轴测图线性尺寸［若找不到基准点，则可以通过直线（L）命令绘制辅助线］，如图10-24所示。

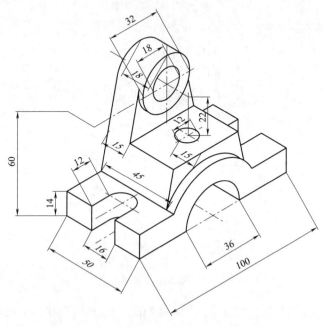

图 10-24　对齐标注

步骤3：使用"倾斜"命令 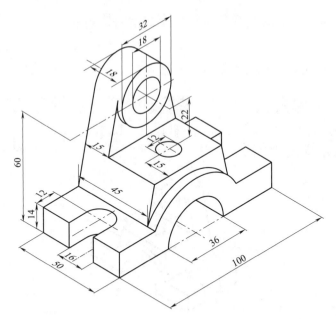 倾斜(Q)，输入对应角度30°、-30°或90°，调整尺寸线立体感（可以通过控制图层来加快对尺寸倾斜的修改），如图10-25所示。

图10-25　倾斜尺寸线

步骤4：选中没有摆放正确的标注，修改另一标注样式（在标注样式"30"和"-30"中切换），并添加对应直径"φ"符号，如图10-26所示。

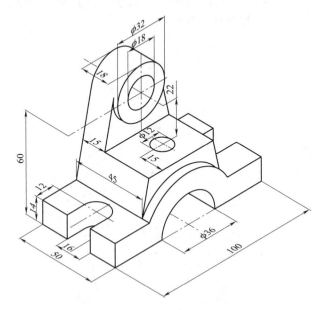

图10-26　轴测图中编辑标注文字方向

步骤5：使用引线标注半径尺寸，完成轴测图半径标注，如图10-27所示。

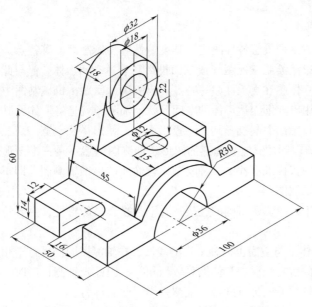

图 10-27　轴测图半径标注

项目评价

轴测图绘制检测评价表见表 10-1。

表 10-1　轴测图绘制检测评价表

序号	考核要求	配分	自检	师检	得分
1	正确设置图层，按国标线型绘图，每处错误扣 2 分	10			
2	根据制图的国家标准，正确设置零件图的文本样式和尺寸样式，包括单位、精度等	15			
3	正确抄画完成轴测图的绘制，每处错误扣 3 分，扣完为止	30			
4	剖视图、图案填充，每处错误扣 3 分，扣完为止	15			
5	是否正确标注轴测图的尺寸，具备一丝不苟的工匠精神，每处错误扣 3 分，扣完为止	30			
	合计	100			
	否定项	轴间角不是 120°			

项目小结

正投影法的一系列投影特性决定了其度量性好、绘制简便等特点，因此在机械制图中一般采用正投影法绘制三视图（或三面投影）表达空间形体。但与此同时，用正投影法表达形体具有立体感和直观性差等特点。为解决此问题，机械制图中往往采用轴测图作为辅助图样，用以辅助表达形体的空间形状。轴测图就是将形体及其空间位置的直角坐标系，按平行投影法一起投影到某一投影面上，使形体长、宽、高三个不同方向的形状都表达出来，所得到的具有立体感的图形。轴测图虽然不是三维图形，但是具有三维图的立体参考，国家标准推荐了三种绘制比较简便的标准轴测图，即正等轴测图、正二轴测图及斜二等轴测图。

轴测图是用平行投影法得到的，故具有平行投影法的特性，主要特性及基本作图方法如下：

（1）空间形体上与空间坐标轴平行的线段，在轴测图中仍平行于相应的轴测轴。平行于同一投影轴的所有线段，其伸缩系数均相等，因此画轴测投影时，必须沿相应轴测轴或平行于轴测轴的方向进行度量，轴测投影因此而得名。

（2）若空间两直线段平行，则其对应的轴测投影必相互平行。直线段上两线段长度之比，等于其轴测投影长度之比。

（3）空间形体上与空间坐标轴不平行的线段，因与轴测投影的倾角不同，故其伸缩系数一般不相等。

提示：不平行于坐标轴方向的直线段，不能在轴测投影图中直接画出，必须先定出直线段上两端点的轴测投影，然后将其相连。

（4）空间形体上与轴测投影面不平行的平面图形，在轴测投影中具有类似性。对于多边形，应通过先定出其在轴测投影图中的各顶点，然后将其连线的方法得到。对于圆，其轴测投影可用相应的简化画法得到。

（5）绘制轴测图时，为使图形清晰，获得较好的立体效果，不可见的轮廓线可省略不画。

拓展训练

（1）绘制如图 10-28 所示的支座轴测图，不用标注尺寸。

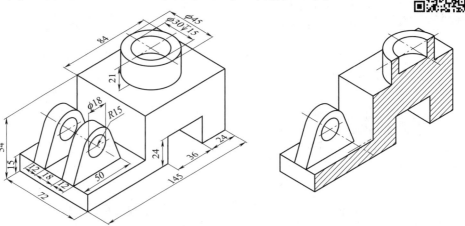

图 10-28　支座轴测图

（2）如图 10 – 29 所示，打开源文件，进行轴测图的尺寸标注。

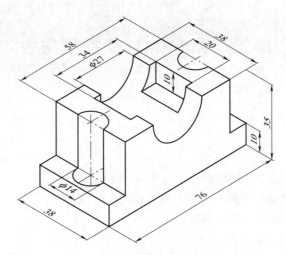

图 10 – 29　轴测图尺寸标注

附录 AutoCAD 快捷键命令

一、字母类

1. 对象特性

ADC，*ADCENTER（设计中心【Ctrl】+【2】）

CH，MO，*PROPERTIES（修改特性【Ctrl】+【1】）

MA，*MATCHPROP（属性匹配）

ST，*STYLE（文字样式）

COL，*COLOR（设置颜色）

LA，*LAYER（图层＊＊＊作）

LT，*LINETYPE（线形）

LTS，*LTSCALE（线形比例）

LW，*LWEIGHT（线宽）

UN，*UNITS（图形单位）

ATT，*ATTDEF（属性定义）

ATE，*ATTEDIT（编辑属性）

BO，*BOUNDARY（边界创建，包括创建闭合多段线和面域）

AL，*ALIGN（对齐）

EXIT，*QUIT（退出）

EXP，*EXPORT（输出其他格式文件）

IMP，*IMPORT（输入文件）

OP，PR，*OPTIONS（自定义 CAD 设置）

PRINT，*PLOT（打印）

PU，*PURGE（清除＊＊）

R，*REDRAW（重新生成）

REN，*RENAME（重命名）

SN，*SNAP（捕捉栅格）

DS，*DSETTINGS（设置极轴追踪）

OS，*OSNAP（设置捕捉模式）

PRE，*PREVIEW（打印预览）

TO，*TOOLBAR（工具栏）

V，*VIEW（命名视图）

AA，*AREA（面积）

DI，*DIST（距离）

LI，＊LIST（显示图形数据信息）

2. 快捷绘图命令

PO，＊POINT（点）

L，＊LINE（直线）

XL，＊XLINE（射线）

PL，＊PLINE（多段线）

ML，＊MLINE（多线）

SPL，＊SPLINE（样条曲线）

POL，＊POLYGON（正多边形）

REC，＊RECTANGLE（矩形）

C，＊CIRCLE（圆）

A，＊ARC（圆弧）

DO，＊DONUT（圆环）

EL，＊ELLIPSE（椭圆）

REG，＊REGION（面域）

MT，＊MTEXT（多行文本）

T，＊MTEXT（多行文本）

B，＊BLOCK（块定义）

I，＊INSERT（插入块）

W，＊WBLOCK（定义块文件）

DIV，＊DIVIDE（等分）

H，＊BHATCH（填充）

3. 快捷修改命令

CO，＊COPY（复制）

MI，＊MIRROR（镜像）

AR，＊ARRAY（阵列）

O，＊OFFSET（偏移）

RO，＊ROTATE（旋转）

M，＊MOVE（移动）

E，DEL 键 ＊ERASE（删除）

X，＊EXPLODE（分解）

TR，＊TRIM（修剪）

EX，＊EXTEND（延伸）

S，＊STRETCH（拉伸）

LEN，＊LENGTHEN（直线拉长）

SC，＊SCALE（比例缩放）

BR，＊BREAK（打断）

CHA，＊CHAMFER（倒角）

F，＊FILLET（倒圆角）

PE，＊PEDIT（多段线编辑）

ED，＊DDEDIT（修改文本）

4. 快捷视窗缩放命令

P，＊PAN（平移）

Z＋空格＋空格，＊实时缩放

Z，＊局部放大

Z＋P，＊返回上一视图

Z＋E，＊显示全图

5. 快捷尺寸标注命令

DLI，＊DIMLINEAR（直线标注）

DAL，＊DIMALIGNED（对齐标注）

DRA，＊DIMRADIUS（半径标注）

DDI，＊DIMDIAMETER（直径标注）

DAN，＊DIMANGULAR（角度标注）

DCE，＊DIMCENTER（中心标注）

DOR，＊DIMORDINATE（点标注）

TOL，＊TOLERANCE（标注形位公差）

LE，＊QLEADER（快速引出标注）

DBA，＊DIMBASELINE（基线标注）

DCO，＊DIMCONTINUE（连续标注）

D，＊DIMSTYLE（标注样式）

DED，＊DIMEDIT（编辑标注）

DOV，＊DIMOVERRIDE（替换标注系统变量）

二、常用 Ctrl 快捷键

【Ctrl】＋【1】，＊PROPERTIES（修改特性）

【Ctrl】＋【2】，＊ADCENTER（设计中心）

【Ctrl】＋【O】，＊OPEN（打开文件）

【Ctrl】＋【N】【M】，＊NEW（新建文件）

【Ctrl】＋【P】，＊PRINT（打印文件）

【Ctrl】＋【S】，＊SAVE（保存文件）

【Ctrl】＋【Z】，＊UNDO（放弃）

【Ctrl】＋【X】，＊CUTCLIP（剪切）

【Ctrl】＋【C】，＊COPYCLIP（复制）

【Ctrl】＋【V】，＊PASTECLIP（粘贴）

【Ctrl】＋【B】，＊SNAP（栅格捕捉）

【Ctrl】＋【F】，＊OSNAP（对象捕捉）

【Ctrl】＋【G】，＊GRID（栅格）

【Ctrl】＋【L】，＊ORTHO（正交）

【Ctrl】＋【W】，＊（对象追踪）

【Ctrl】＋【U】，＊（极轴）

三、常用功能键

【F1】，＊HELP（帮助）

【F2】，＊（文本窗口）

【F3】，＊OSNAP（对象捕捉）

【F7】，＊GRIP（栅格）

【F8】，＊ORTHO（正交）

参考文献

［1］姜军，姜勇，刘冬梅. AutoCAD 中文版机械制图习题精解 ［M］. 北京：人民邮电出版社，2011.

［2］王姬. AutoCAD 基础教程与实例指导 ［M］. 北京：清华大学出版社，2016.

［3］张永茂，马卫东. AutoCAD 机械绘图实用教程 ［M］. 北京：机械工业出版社，2005.

［4］刘力，王冰. 机械制图 ［M］. 4 版. 北京：高等教育出版社，2013.

［5］刘力，王冰. 机械制图习题集 ［M］. 4 版. 北京：高等教育出版社，2013.